星野◎编著

哈佛情商课

EMOTIONAL QUOTIENT

浙江人民出版社

前言

“情商”一词，最早是由哈佛大学心理学家霍华德·加德纳提出的，他在《精神状态》一书中提出人有“多元智慧”，自此开启了情商学说的新智。

所谓情商，就是一种情绪管理的能力。哈佛大学教授、著名心理学家丹尼尔·戈尔曼说：“使一个人成功的要素中，智商作用只占20%，而情商作用却占80%。”

情商是一个人获得成功的关键。一个高情商的人不仅在生活中如沐春风，爱情上春风得意，做领导也能带领团队向更大的辉煌迈进。高情商的人即使是个职场新人，也能获得良好的人际关系，为自己的晋升创造良好的条件……

曾有这样一个实验：让一群儿童分别走进一个空荡荡的大厅，在大厅最显著的位置为每个孩子准备了一块软糖。测试老师对每一个将要走进去的孩子说：“如果你能坚持到老师回来时还没把那块软糖吃掉的话，将会得到一个奖励——再给你一块软糖，也就是说，你将得到两块软糖。但是，如果你没等到我回来就把糖吃掉的话，你只能得到一块。”

实验开始，孩子们依次走进大厅……

实验结果发现，有些孩子缺乏控制能力，大人不在，又受不了糖的诱惑，就把糖吃掉了。另外一些孩子，则牢牢记住了老师所讲的话，认为自己只要能够再坚持一会儿，就可以得到两块糖，于是，尽量控制住自己。他们并非不受糖的诱惑，而是努力地转移自己的注意力，他们有的唱歌，有的蹦蹦跳跳，有的干脆趴在桌子上睡觉，坚持不看那块软糖，一直等到老师回来。这样，他们就得到了奖励——第二块软糖。

专家们把孩子分成两组：能够抵御诱惑、坚持下来得到两块软糖的和不能够坚持下来只得到一块软糖的，并对他们进行了长期的跟踪调查。结果发现，在他们长大以后，那些只得到一块糖的孩子普遍没有得到两块糖的孩子获得的成就大。

情商是影响个人命运的关键因素，那么如何提高自己的情商呢？

为此我们策划出版了《哈佛情商课》一书，本书是一本关于如何发掘情感潜能和如何运用情感能力来影响生活的书，是开启心智的钥匙，激发潜能的要诀。借助情商，你可以充分发掘自己的能力、影响和价值，提升你的个人潜能和精神状态，与周遭环境保持良好的相处和融洽度，达至更好的生存质量和更为和谐的生命形态。

发现情商、了解自我、管理自我、挖掘潜能、提升影响力……本书通过大量的哈佛事例及国外经典实例，深刻地分析了哈佛情商教育的精髓，让大家在轻松的阅读中修炼提升情商。

8位美国总统、40名诺贝尔奖获得者、30名普利策奖获得者、大批知名学术创始人、世界级学术带头人、文学家、思想家，等等，他们都是由令全世界景仰的学府——哈佛大学培养出来的。哈佛大学注重情商教育，而这些不同领域的高情商名人，就与哈佛的情商教育密不可分。也许我们成不了哈佛大学的一员，但我们可以学习借鉴哈佛的情商教育，修炼自己的情商，让自己更出色。而《哈佛情商课》就是一本可以帮你实现情商提升的书籍。

目录

第一章 发现情商，踏上情商之旅

成功，20%靠智商，80%靠情商 …………………………2
情商，一门“综合软实力” …………………………5
情商 VS 智商 …………………………8
6 秒钟情商决定人生 …………………………11
高情商的人能管理他人的情绪 …………………………14

第二章 激活潜能，避开情商误区

高学历，不等于高实力 …………………………18
阻碍成功的，往往是我们已知的东西 …………………………20
每个人都拥有潜能宝藏 …………………………22
发现自己的新大陆 …………………………25
成功的人往往不是因为知识多丰富 …………………………27
情商是可以改变的 …………………………31

第三章 高情商必备的五种能力

第一种能力：自察与察他能力 …………………………36
第二种能力：理解能力 …………………………38
第三种能力：自我实现的能力 …………………………40
第四种能力：忍受压力的能力 …………………………42

第五种能力:控制情绪的能力 …………………………………………… 47

第四章 了解自我,解救被绑架的理性

坏情绪,低情商的表现……………………………………………………… 52
控制自我是能力的体现 …………………………………………………… 54
自己招来的忧伤是最大的忧伤 …………………………………………… 57
忙碌起来,让你忘记痛苦…………………………………………………… 60
积极的自我暗示,让你更优秀 …………………………………………… 63
施展才华,不要怀疑自己的能力 ………………………………………… 66
一切遵循本性 ……………………………………………………………… 69
利用周围的人来认识自己 ………………………………………………… 72

第五章 管理自我,培养有益生活的情商

有了勇气,才有胜利的可能 ……………………………………………… 76
感恩是一种生活态度 ……………………………………………………… 79
真正的人格魅力是真诚 …………………………………………………… 83
独立完成人生的乐谱 ……………………………………………………… 85
宽容,走上成功之路………………………………………………………… 88
诚实让心灵变得尊贵 ……………………………………………………… 92
降临的那一刻,就要负起责任 …………………………………………… 95
心里装起更远大的目标 …………………………………………………… 98
正直并坚持己见 …………………………………………………………101

第六章 控制情绪,活出你的惬意

负面情绪,人生路上的绊脚石 ……………………………………………106
好情绪是赶走忧伤的特效药 ………………………………………………108
给自己找一个宣泄坏情绪的出口 …………………………………………110

管理自己的冲动行为 ……113
停止你的“牢骚” ……116
愤怒是把自毁的剑 ……118
让我们斩除过多的欲望吧 ……121

第七章 悦纳自我，高情商的生活

没有人是永远正确的 ……126
活在他人的标准里终会迷失 ……128
仪表是向外界展示自己的重要渠道 ……131
把自己的真实展现出来 ……133
放大优点，缩小缺点 ……136
接受现实是成熟的标志 ……139
注重对个性的培养 ……142

第八章 跨越人性的弱点

自尊是不断向上的原动力 ……146
打开心门，走入人群 ……148
别在自负里毁了自己 ……151
自立，才能创造未来 ……153
化焦虑为成长的契机 ……156
再平凡，也无须自卑 ……158
不慕虚荣，回归自我 ……160

第九章 积极理性，成就完美人生

把优秀的习惯坚持下来 ……164
每天主动一点，进步一点 ……167
决定命运的往往是我们忽略的小细节 ……170

选择正确的方向与目标 ……173
低调,低调,再低调 ……175
停止在错误的道路上狂奔 ……178
哪怕是万分之一的机会,也要拼尽全力 ……180
把错误当作垫脚石 ……184
适度地把握原则 ……187

第十章 多渠道沟通,减少误解

高情商的人必定是个“话题高手” ……192
站在对方的角度看问题 ……194
在说话之前听听别人的意见 ……198
信任的力量是无穷的 ……201
沟通有技巧,情商帮你忙 ……203
善于倾听,做心灵的守护者 ……207
凡事不要太快下决定 ……209

第十一章 提升情商,提高影响力

赢得陌生人的好感 ……214
发自内心地赞美别人的长处 ……217
有亲和力的人让人不由自主地想接近 ……219
关系就是财富,人脉就是资源 ……222
坚持互惠可以得到更多的资源 ……225
成为一个让别人喜欢的人 ……228
用心做事才能使别人受感染 ……231
让别人熟悉你才能让别人喜欢你 ……234
即使是敌人,也要留有余地 ……237
爱自己,先要爱别人 ……240

第一章　发现情商，踏上情商之旅

成功，20%靠智商，80%靠情商

1995年，哈佛大学心理学博士丹尼尔·戈尔曼（Daniel Goleman）发表了《情商》一书，书中明确提出：“过去人们在教育和培训过程中，往往只重视训练和提高人的智商，而对情商没有给予应有的重视。事实上，对于一名领导者来说，更重要的是他的情商，而不是智商。”这一著作唤醒了世界各地职业人士、研究学者和普通大众对情商的关注，在全球范围内掀起了一场情商的风暴。丹尼尔·戈尔曼被人们称为“情商之父”，哈佛大学也因此成为情商的摇篮。

情商水平的高低对一个人能否取得成功有着重大影响，其作用甚至超过了智力水平。戈尔曼指出：一个人的成功诸因素中，智商只占决定作用的20%，其他未知的因素（如情商、财富、家庭教育、性格和不可预估的运气）占到了80%。在这80%的未知因素中，情商占据了极为重要的一大部分。

从戈尔曼的《情商》一书，我们可以看出，情商其实就是一种情绪管理的能力。情商高，代表着情感管理的能力强，人际关系和社会适应力也比较好。反过来说，情商低，就代表一个人常常会陷入大悲大喜的境况，因为这种巨大的情绪起伏而最终一事无成。情商低的人相对来说人际关系还容易紧张，社会适应力也较差。

一个人在生活中经常会遇到种种不如意，有的人容易因此大动肝火，结果把事情搞得越来越糟。而有的人则能很好地控制自己的情绪，泰然自若地面对各种刁难，在生活中立于不败之地。

美国一位来自伊利诺伊州的议员康农在初上任时就受到了另一位代表的嘲笑：“这位从伊利诺伊州来的先生口袋里恐怕还装着燕麦呢！”

这句话的意思是讽刺他还有着农夫的气息。虽然这种嘲笑使他非常难堪，但也确实如此。这时康农并没有让自己的情绪失控，而是从容不迫地答道：“我不仅在口袋里装有燕麦，而且头发里还藏着草屑。我是西部人，难免有些乡村气，可是我们的燕麦和草屑，却能生长出最好的苗来。”

康农并没有恼羞成怒，而是很好地控制了自己的情绪，并且就对方的话“顺水推舟”，作了绝妙的回答，不仅自身没有受到损失，反而使他从此闻名于全国，被人们恭敬地称为“伊利诺伊州最好的草屑议员”。

这位议员无疑是一个高情商者，对于讽刺和攻击他的语言，他没有愤怒，而是及时控制住自己的情绪，用高情商化解了矛盾与尴尬。

哈佛学者一直认为，情商是一种管理情绪的艺术，如果你要快乐幸福地生活，你就要学会了解和管理自己的情绪，这也是提高你情商的办法。掌握并认真利用好这门艺术，将会令你受益一生。

海斯是一位学问高深的学者，曾获得世界一流学府斯坦福大学的博士学位。他有过这样一段令他深思的往事：

我从前在部队服役的时候，做过一个智商测试，测试结果我获得了160分，是基地里得分最高的。按照测试标准，我的智商已经到了天才的水平。

我认识一位汽车修理工，我估计他如果参加智商测试，分数大概仅仅是人类智力的平均分——90分而已，所以我理所当然地认为我远比他聪明。然而，每当我的汽车出毛病，我又不得不去找这个低智商的人来解决问题，对他的结论洗耳恭听，奉若圣旨，而他每次都能让我的汽车变得完好如初。

有一次，他从引擎上抬起头来，笑嘻嘻地对我说：“博士，有一个聋哑人到五金店买钉子，他把左手食指和拇指并拢放在柜台上，右手做了几次敲打的动作，店员拿了一把锤子给他，他摇摇头。店员注意到了他左手并拢的拇指和食指，于是给他拿来了钉子，这回聋哑人满意了。那么，博士，我来考考你，接着又来了一个瞎子，他想买剪刀，你说他该怎么表示呢？”我伸出食指和中指，做了几次剪的动作。修理工哈哈大笑：“你这个笨蛋！他当然是用嘴说啦！”接着，他得意地说：“今天我用这个问题考了很多人。”我问他：“上当的人多吗？”“不少。但我知道你肯定会上当的。”“为什么？”我大吃一惊。“因为你受的教育太多了，我知道你有学问，但不会太聪明。”

海斯是一个高智商的人，但就是这么简单的一个问题，他都没有回答上来，这是为什么呢？这就是情商在做怪，最起码他在情商这一块领域不像他的智商那么出色。

资深学者丹尼尔·戈尔曼宣称：“婚姻、家庭关系，尤其是职业生涯，凡此种种人生大事的成功与否，均取决于情商的高低。”一份有关调查报告披露，在贝尔实验室，顶尖人物并非是那些智商超群的名牌大学毕业生。相反，一些智商平平但情商甚高的研究员往往以其丰硕的科研业绩成为明星。其中的奥妙在于，情商高的人更能适应激烈的社会竞争局面。

与社会交往能力差、性格孤僻的高智商者相比，那些能够敏锐了解他人情绪、善于控制自己情绪的人，更可能找到自己想要的工作，也更可能取得成功。情商为人们开辟了一条事业成功的新途径，它使人们摆脱了过去只讲智商所造成的无可奈何的宿命论态度。

美国前总统比尔·克林顿小时候智商很高，小学的时候就一直品学兼优，但是他并没有注意培养自己的情商。有一次学校送来的成绩单中，克林顿各项成绩除了一项是D，都是A，也就是优秀，得D的是哪一科呢？行为。为什么行为是D，老师是这样解释的：每次老师提问，比尔都会抢着回答，他智商高嘛，但是这样抢着回答，没给其他同学机会。给他打D这个分，就是提醒他一下，今后要注意改进。“给别人机会”，这已经超出了智商的范畴，只有情商高的人才懂得。

克林顿吸取了教训，当总统后，他提出了给一个人最高的奖赏是给一把钥匙，一把什么钥匙？开启未来成功大门的钥匙。这个钥匙是什么呢？奖学金。这就是给别人一个机会。克林顿是高情商和高智商的结合，不仅是聪明，而且是非常聪明。

多年以来，人们一直以为高智商可以决定高成就，其实，人一生的成就至多只有20%归功于智商，另外80%则受情商的影响。所谓20%与80%

并不是一个绝对的比例，它只是表明，情商在人生成就中起着不可忽视的作用。尽管智商的作用不可或缺，但过去把它的作用估量得太高了。

为此，心理学家霍华·嘉纳说："一个人最后在社会上占据什么位置，绝大部分取决于非智力因素。"许多材料显示，情商较高的人在人生各个领域都占尽优势，无论是谈恋爱、人际关系，还是在主宰个人命运等方面，其成功的机会都比较大。

哈佛学者都深知一个道理，那就是情商在引领他们走向卓越，超越平庸。智商对于绝大多数的人来说是差不多的，而后天的情商教育与情商培养可以改变我们的生命轨迹。当你信任情商的力量时，情商就会带给你意想不到的奇迹。

情商，一门"综合软实力"

我们把情商理解为一种"软技能"。与软技能相对应的硬技能通常是可以衡量的，如学习能力。在任何一个领域，衡量专业技术的标准就是证书和学位，而这些往往都具有很大的商业价值。大多数工作都是靠这些硬东西来评判能力，不管是在学术著作还是实践操作中，这些都表示我们满足了某个行业（如银行业、烹饪业、IT行业、图书馆业等）所需的专业要求。学习这些技能——大多数都需要非常努力——目标都很直接。你有固定的线路去选择学习哪些技能。从初学者到专家，都有测试能力的登记考试。拿到学位和答辩过关就表示你已经达到目标，具有竞争力了。

我们可以通过下面的例子来理解软技能的概念。

21世纪生活压力越来越大，硬技能已经不够用了，雇主会要求雇员有高品质的"软技能"，如：

与他人融洽相处

有效地领导团队（靠软硬兼施来管理的日子已经过去）

促进他人的进步和管理他人的知识

自我成长

人际交往能力强

尽可能有效地运用认知(思考)能力

面对困难时,依然保持活力

积极处理批评和困境的能力

在危机中保持冷静的能力

做决定时,有理解和接受他人有效观点的能力

这些软技能统统可以归为情商。雇主之所以对情商感兴趣,原因很简单——你的情商能力对他们的生意有好处。

我们知道情商有五大内容,均属于软技能,下面来详细分析一下这五大内容。

自我认知的能力。

古希腊德尔斐城的帕提侬神庙里,镌刻着苏格拉底的一句名言:认识你自己。它是这座神庙里唯一的碑铭,它要求人们在情绪产生的时候,即能感知它的存在,进而有目的地调控它。然而,认识自己并非易事,所谓“不识庐山真面目,只缘身在此山中”,讲的就是这个道理。

我是谁,我从哪里来,又要到哪里去,我为什么要这么做,我为什么不高兴……这些问题从古希腊开始,人们就不断地问自己,然而至今都没有得出令人满意的结果。即便如此,人们从来没有停止过对自我的追寻。

正因为如此,人常常迷失在自我当中,很容易受到周围信息的暗示,并把他人的言行作为自己行动的参照。认识自己,心理学上叫自我知觉,是一个人了解自己的过程。在这个过程中,人更容易受到来自外界信息的暗示,从而出现自我知觉的偏差。

认识自我包括如下内容:我对身体外形的认识——有什么优势,有哪些缺陷;我的情绪个性——易冲动的还是沉着的;我的气质类型——胆汁质、多血质、黏液质、抑郁质;我有什么长处,哪些短处……比如一些人会

因为自己的身高或胖瘦而不能坦然面对，那么他的自我认知就出现了障碍。也有一些人对自己所扮演的角色、所处的位置认识不清，导致命运的悲剧发生。

控制自我情绪的能力。

情商的一个重要内容是控制自我，没有自制力的人终将一事无成，因为一点小刺激和小诱惑他都会抵制不了，进而深陷其中。控制自我情绪是种重要的能力，也是人区别于动物的重要标志。人是有理性的人，而非依赖感情行事。托马斯·曼告诫人们："抵制感情的冲动，而不是屈从于它，人才有可能得到心灵上的安宁。"

自制，顾名思义就是约束自己。看似不自由，殊不知，为了获得真正的自由，必须有意识地克制自己。没有自制力的人是可怕的，不但他的思想会肆意泛滥，行为更会如此。有人喝酒成瘾、上网成瘾等，无一不是缺乏自制力的表现。一个失去自制能力的人是不会得到命运的眷顾与垂青的。

自我激励的能力。

自我激励就是给自己打气，鼓励自己。要争气，在逆境中要奋起，而支持崛起的信念则来自于自我激励。许多不成功的人不是没有成功的能力与潜质，而是他们在思想上就不想成功。因为他们在受到羞辱时只会暗自神伤、嗟叹命运不济，却从不给自己打气，他们会习惯于"劣势"，久而久之，真的只有失败与之为伍。

也有一些人并不是不给自己一点激励，而是很快就把自己的承诺抛在脑后，没有认真地执行过当时的目标。一个有成功意识的人，都是允许自己失败却不会倒下的人。因为失败是一时的，可以激励自己往上走，但倒下去就是永久的失败。

识别他人情绪的能力。

日常生活中时常有人抱怨某人"不会察言观色"，或者是"没有眼力"，无论是哪种表达，都是关于情商中识别他人情绪的表现。一个不懂得识别他人内心的人，是无论如何达不到想要的成就的。

哈佛人认为,识别他人的情绪是与人沟通必不可少的能力,这种能力不仅能影响他人,更能影响自己。

人际交往的能力。

美国有一个叫泰德·卡因斯基的人,他16岁进哈佛,20岁毕业。而后在密歇安大学获数学硕士、博士学位。接着,又到世界第一流的加州大学伯克利分校数学系任教。然而,卡因斯基虽然智力超群,却从未培养自己的社会交际技能和情商。整个中学时期同学几乎见不到他的影子,他从不同任何人交往,更不能与人建立长久关系。在大学里,他也如此,人们送他一个绰号“哈佛隐士”。

卡因斯基在制造炸弹方面有特殊才智,但他在社交方面却是欠缺的,最终因长期压抑而导致心理异常。他不但对社会没有好的贡献,反倒是用自己研制的炸弹杀死了3人,伤了22人。

这就是缺乏人际交往能力的后果,著名成功学家卡耐基先生说,一个人的成功取决于20%的专业能力和80%的人际关系,足见人际交往能力的重要。而他所说的“20%的专业技能”主要靠智商获取,“80%的人际关系”却是靠情商获得。

情商VS智商

对于人类来讲,情商与智商都很重要,如同人的左臂右膀,缺一不可。

以往认为,一个人能否在一生中取得成就,智力水平是第一重要的,即智商越高,取得成就的可能性就越大。但现在心理学家们普遍认为,情商水平的高低对一个人能否取得成功也有着重大的影响,有时其作用甚至要超过智力水平的作用。

情商的水平不像智力水平那样可用测验分数较准确地表示出来,它只能根据个人的综合表现进行判断。心理学家们还认为,情商水平高的人具有如下的特点：社交能力强，外向而愉快，不易陷入恐惧或伤感，对事业较投入，为人正直，富于同情心，情感生活较丰富但不逾矩，无论是独处还是与许多人在一起时都能怡然自得。专家们还认为，一个人是否具有较高的情商，和童年时期的教育培养有着密切的关系。因此，培养情商应从小开始。

凯文·米勒小时候学习成绩不好，高中毕业时靠着体育特长勉强进入芝加哥大学学习。许多年后，在他公开的日记中有这样的记述：“老师和父亲都认为我是一个笨拙的儿童，我自己也认为其他孩子在智力方面比我强。”可是，凯文·米勒经过多年的努力，却成为美国著名的洛兹集团的总裁。

那么，是什么让他从平凡走向卓越的呢？是情商。情商的高低，可以决定一个人的其他能力，包括智能能否发挥到极致。

达尔文在他的日记中说：“教师、家长都认为我是平庸无奇的儿童，智力也比一般人低下。”但他成了伟大的科学家。爱因斯坦在1955年的一封信中写道：“我的弱点是智力不好，特别苦于记单词和课文。”但他成了世界级的科学大师。洪堡上学时的成绩也不好，一次演讲中他说道：“我曾经相信，我的家庭教师再怎样让我努力学习，我也达不到一般人的智力水平。”可是，20多年后他却成为杰出的植物学家、地理学家和政治家。

戈尔曼用了两年时间，对全球近500家企业、政府机构和非营利性组织进行分析，发现成功者除具备极高的智商以外，卓越的表现亦与情商有着密切的关系。在一个以来自15家世界级企业，如IBM、百事可乐及沃尔沃汽车等的数百名高层主管为对象的研究中发现，平凡领导人和顶尖领导人的差异，主要是来自情绪智能。

卓越的领导者在一系列情绪智能，如影响力、团队领导、政治意识、自信和成就动机上，均有较优越的表现。情商对领导人特别重要，因为领导的精髓在于使他人更有效地做好工作。一个领导人的卓越之处，在很大程度上表现于他的情商。

智商和情商，都是人的重要的心理品质，都是事业成功的重要基础。

它们的关系如何,是智商和情商研究中提出的一个重要的理论问题。正确认识这两种心理品质之间的差异和联系,有利于更好地认识人自身,有利于克服智力第一和智力唯一的错误倾向,有利于培养更健康、更优秀的人才。

智商和情商反映着两种性质不同的心理品质。智商主要反映人的认知能力、思维能力、语言能力等。它主要表现人理性的能力,体现的是一个人的智力能力。而情商主要反映一个人感受、理解、运用、表达、控制和调节自己情感的能力,以及处理自己与他人之间的情感关系的能力。它是非理性的,或者说是相对理性与相对感性的集合,是不同类型的比较。

智商和情商的形成基础有所不同。情商和智商虽然都与遗传因素、环境因素有关,但是,它们与遗传、环境因素的关系是有所区别的。智商与遗传因素的关系远大于社会环境因素。

智商和情商的作用不同。智商的作用主要在于更好地认识事物。智商高的人,思维品质优良,学习能力强,认识程度深,容易在某个专业领域作出杰出成就,成为某个领域的专家。情商主要与非理性因素有关,它影响着认识和实践活动的动力。它通过影响人的兴趣、意志、毅力,加强或弱化认识事物的驱动力。智商不高而情商较高的人,学习效率虽然不如高智商者,但是,有时能比高智商者学得更好,成就更大。因为他有锲而不舍的精神,勤能补拙。

所以,人们经常看到这样的人,受过高等教育,他的智商使他具有非常丰富的知识,使他能顺利地到一个单位就职或者从事一项研究工作。如果他情商高,情绪稳定,适应环境能力强,并能不断提高自身心理素质。这样他的智商和潜能就能得到充分发挥,在工作中游刃有余,最后获得上司、同事、朋友的认可。反之,一个人智商虽高,却因此自负,情商低下,昼夜为自己周围并不理想的环境所困扰,那他的结局也许是愤世嫉俗,与社会、公司、同事融不到一起,由此可见,情商与智商同样造就人们的成功,只是程度大小不同,影响的领域不同。

6 秒钟情商决定人生

情绪是由我们大脑中的边缘系统产生的一种化学物质。虽然情绪的产生不能被我们掌控，但情绪所具有的信息及其价值却可以成为辅助思考和行动的得力助手，只是，这需要我们在情绪产生的那一刻耐住性子等待约 6 秒钟。因为，只有在经过大约 6 秒钟之后，边缘系统才能完成传递情绪信息的过程，将它产生的情绪信息传递给脑皮质。这时，大脑的这两个重要部分才真正有了联系。

6 秒钟这个时间是由我们人类的生理系统所决定的。

6 秒钟之前，我们的情绪不能被"理智"影响，这时如果发生了行动，就是出于人类天生的本能，即纯"情绪化"的反应；而 6 秒钟之后，我们的情绪与思考就可以彼此沟通且综合信息完成"高情商"的决策与行动。

情商可以说自有人类智慧开始就已启用，而情商领域真正被发现，且作为专项独立的科学课题研究则始于 20 世纪 60 年代——现任 6 秒钟国际情商研究组织主席的凯伦·麦科恩从 1967 年起最早开始研究并教授人们情绪管理技巧。

6 秒钟国际情商研究组织是目前全球最大的情商研究发展组织，汇集了世界各地的顶级心理学专家。情商大师安纳贝·金森博士在这里担任执行总监 14 年，情商理论的两位创始人萨洛维与迈尔也是该机构的研究专家，这个组织汇集了来自全球各国的情商科学家、教育家及企业领袖，并且每年召集一次全球性的情商论坛——耐克斯情商论坛，以期通过定期交流各国精英的研究精华，为推动人类更为进步的决策和实现人生幸福做贡献。

6 秒钟——决定我们能否运用"暗藏冰山"下情绪巨大的力量。

6 秒钟情商——决定我们是否能享受情绪自由的人生。

哈佛心理研究所常常通过心理测试来测试你的情商。我们也可以来看一下。

1. 你不擅长说笑话、讲趣事。

A.是的　B.介于是与不是之间　C.不是的

2. 多数人认为你是一个说话风趣的人。

A.是的　B.不一定　C.不是的

3. 喜欢看电影或参加其他娱乐活动。

A.超过一般人　B.和一般人相仿　C.比一般人少

4. 和一般人相比，你的朋友的确太少。

A.是的　B.介于是与不是之间　C.不是的

5. 不到万不得已，你总是避免参加应酬活动。

A.是的　B.不一定　C.不是的

6. 单独跟异性谈话时，总显得不太自然。

A.是的　B.介于是与不是之间　C.不是的

7. 在待人接物方面一直不太成功。

A.是的　B.不完全这样　C.不是的

8. 你宁愿做一个

A.演员　B.不确定　C.建筑师

9. 喜欢向朋友讲述一些你个人有趣的经历。

A.是的　B.介于是与不是之间　C.不是的

10. 你爱穿朴素的衣服，不欣赏华丽的服装。

A.是的　B.不太确定　C.不是的

11. 你认为安静的自娱远远胜过热闹的宴会。

A.是的　B.不太确定　C.不是的

12. 通常人们认为你是一个活跃热情的人。

A.是的　B.介于是与不是之间　C.不是的

13. 喜欢借出差机会多做一些工作。

A.是的　B.介于是与不是之间　C.不是的

情商测试结果：

选 A 计 1 分，选 B 计 2 分，选 C 计 3 分。

0—8 分：你严肃、谨慎且寡言。通常行动比较拘谨，内省而不轻易发言，表现较消沉、抑郁。有时可能过分深思熟虑，近乎骄傲自满，是一位认真可靠的工作人员。你的这种个性像无形的障碍，使别人不免与你保持距离，对你有敬畏感。

9—12 分：你兴奋适中。你既不沉默寡言，也不夸夸其谈，做事稳健可靠。

13—26 分：你轻松、兴奋。你轻松自在、随遇而安。通常活泼、愉快、健谈，对人、对事热心而富于感情；有时可能过分激动，行为波动多变。应记住遇事要冷静。

1，2，3，4，5，6……我们平静的心情可能已掀起波澜，我们蓄势待发的愤怒可能已被镇静的微笑替代，紧绷的神经可能已寻找到解决方案。

想像一座冰山，一座在水面上耸立的冰山，它是如此的巨大、奇特、壮观，然而，你所看到的仅仅是很少很少的一部分，只占冰山整体的 15%，水面下的冰山是神秘的，它暗藏支撑整座冰山的力量，这就好比你在日常工作、生活中所看到的行为。你有没有想过不同行为的源头呢？是什么在背后影响和驱动这些行为？这些“暗藏驱动力”就好比隐藏在水面下的那 85% 的冰山。也就是说，你所看见的自己的日常行为仅仅占 15%，而那些影响以至最终促成你行为表现的“暗藏驱动力”却占了 85%。它就是情商，所以，在我们的生活与工作中，情商发挥着重要的作用，它决定着我们的人生，决定着我们的成败。

高情商的人能管理他人的情绪

有位哈佛学者曾说:“能够管理他人情绪的人是高情商之人。”所谓管理他人情绪,是指在准确识别他人情绪的基础上,用自己的情商影响他人的能力。这当中识别他人情绪是管理他人情绪的首要环节,不能正确认识别人的真正意图就不能很好地施加影响力。

高情商的人能够管理他人的情绪,哪怕是对手。

美国总统林肯因在南北战争中实现了国家的统一和黑人奴隶的解放而一直备受美国人的尊崇。甚至,他在各方面的言行都成为后人的楷模。但即便是伟大的林肯,也有忍无可忍而失态的时候。

有一次,他与另一位政治人物因政见不合而反目,林肯当时气得大骂:“这个混蛋! 他就是我的死敌! 我要干掉他!”但令人惊讶的是,几天后人们发现那个让林肯恨得咬牙切齿的政治家,居然与林肯谈笑风生,俨然如好友一般!

于是就有人问林肯:“他不是你的政敌吗? 你不是要干掉他吗?”林肯泰然道:“不错,我是要干掉这个敌人。现在把他变成我的朋友,那个‘敌人’不等于被我‘干掉’了吗?”

由“政敌”到“朋友”的转变,就是林肯管理对方的过程。情商的高低直接影响这种管理他人的能力,情商高的人,万事操之在我;情商低的人,处处受制于人。

高情商的人能影响他人,才能更受欢迎。

绝大多数的人会认为人际关系是令他们头痛的麻烦事儿,奇怪的是你越觉得它讨厌,你就越不容易搞好它。于是,我们会羡慕一些总受人们喜欢的人,不知他们的成功秘诀在哪儿。其实,差别就在于你是否能管理他人的情绪并影响他人。

高情商者不仅会受到他人的喜爱，而且更易得到别人的帮助，因为他们很受众人的欢迎。卡耐基告诉我们：成功=15%的专业知识+85%的为人处世的技能。

斯巴达克斯是个奴隶，因为不堪忍受奴隶主惨无人道的压迫，率领奴隶起义，得到成千上万奴隶的响应。

后来，起义失败，许多奴隶被俘虏。一个以胜利者自居的将军指着背后的十字架，趾高气扬地说："谁指认出斯巴达克斯，我就可以免除他一死。"沉默了良久，一位奴隶站了出来，说："我就是斯巴达克斯！"

在这个将军还没有反应过来的时候，又有一个奴隶站了出来，说："我是斯巴达克斯！"紧接着，一大片奴隶都站了出来，大声说道："我就是斯巴达克斯！"洪亮的响声回响在大地和白云之间。

是什么力量让奴隶宁可去死，也不愿意说出真正的斯巴达克斯？是因为斯巴达克斯受到他们的欢迎、热爱与敬重。斯巴达克斯能管理他们的情绪并有效地影响他们，使他们心中形成一个伟大的友谊，他们愿意为了这个友谊付出自己的生命。

美国富兰克林总统年轻的时候，把所有的积蓄都投资在一家小印刷厂里。他很想获得为议会印文件的工作，可是出现了一个不利的情况。议会中有一个既有钱又能干的议员，非常不喜欢富兰克林，还公开斥骂他。这种情形非常危险，因此，富兰克林决心使对方喜欢他。

富兰克林听说这个议员的图书馆里有一本非常稀奇而特殊的书，于是他就写了一封信给这位议员，表示自己想一睹为快，请求他把那本书借给自己几天，好让他仔细阅读。这位议员叫人把那本书送来了，过了大约一星期的时间，富兰克林把书还给那位议员，并附上一封信，表达了自己诚挚的谢意。

于是，当他们在议会里相遇时，那位议员居然主动跟富兰克林打招呼，并且极为有礼。自此，这位议员对富兰克林的事非常乐于帮忙，他们成了很好的朋友，一直到去世为止。

富兰克林的故事向我们展现了一个高情商者的魅力，他能够发现他人的情绪，并转变他人的情绪，让对方成为自己的朋友。

那么，什么方法才能更好地处理他人情绪呢？

正确处理他人情绪的方法共有三个步骤：接受、分享、肯定。

接受——接受是注意到对方有情绪、接受有这份情绪的他并如实告诉他。接受不是批判，不是否定，不是表示不耐烦，也不是忽视，接受就是“你这个样子我是接受的，我愿跟你沟通”的意思。这种接受往往能让你更好地与他人沟通。

分享——永远先分享情绪感受，后分享事情的内容。就算对方反复或坚持先说事情内容，也需要巧妙地把话题先带到情绪感受的分享，情绪感受未处理，谈事情的细节不会有效果，往往只会使对方的情绪更大。帮助对方描述他的情绪，并不是告诉他那是应该有的感觉，而是帮助他释放情绪。

肯定——应该对不适当的行为设立规范，就是说，勾画出一个明确的框架。里面是可以理解或接受的部分，并就这些可以接受的部分给对方以肯定。框架外面则是不能接受或者没有效果的东西，应该明确提出。给予肯定使对方保留了他们的尊严和自信，他们会更愿意听从你的意见。所有的感觉及所有的期望都是可以被接受的，但并非所有的行为都可被接受。

综上所述，情商的高低决定一个人是否能影响到他人，并利用他人的情绪，而这一切都决定了你在人群当中的地位及受欢迎的程度。

第二章　激活潜能，避开情商误区

高学历，不等于高实力

在人们越来越相信“智商决定你能否被录用，而情商则决定你能否被提升”的时候，情商已然成为我们生命的主宰。

有许多人满怀雄心壮志，自许是“实力胜于学历”，所谓实力胜于学历，事实上是针对为人处世而言。高学历者的自尊心，会排斥与别人的交往，因此，不受人欢迎，也不能成功。学校里的优秀人才，踏入社会未必依旧出类拔萃。

学历不是“通行证”。

哈佛告诉学生：不要把你的学历作为“通行证”。学历并不能代表能力，它只是你曾经学习过的证明。

在最初涉世的时候，当我们怀着美好的理想走入社会，却碰上了一个又一个的难题。首先就是学历问题，没有本科学历或学历太低，都成了通向成功的路途上的羁绊。播下种子，却没有开花，不必灰心失望，我们注重的不是妖艳的花朵，而是沉甸甸的果实。

一天午后，一位老妇人走进费城一家百货公司，大多数的柜台人员都不理她。有一位年轻人却问是否能为她做些什么。当她回答说只是在等雨停时，这位年轻人并没有推销给她不需要的东西，也没有转身离去，反而拿给她一把椅子。雨停之后，老妇人向年轻人说了声谢谢，并向他要了一张名片。

几个月之后，这家店主收到一封信，信中要求派这位年轻人去苏格兰收取装潢一整座城堡的订单。这封信正是那位老妇人写的，她是美国钢铁大王卡内基的母亲。

许多农村的孩子学习条件并不好，可他们通过努力也能考上大学，就是运用了补偿的方法——“勤于学业”，力争取得“好成绩”，并且使自己成功考上大学。顺利拿到大学文凭的学子们，踏入社会也不一定能够顺利成就事业，学历只代表过去的成绩，而真正的成功还须日后努力奋斗得来。

哈佛告诉学生：成绩和成就不一定成正比，你不能以学业的成败评估自己未来的成就。哈佛教授亨利 · B. 雷林曾讲过：为了发现与学生未来成功相关的因素，哈佛商学院作了大量的调查研究。调查结果显示：一个学生在学校里的成绩与他将来的成就之间并无关系。短期内还有点关系，而长期内根本没有什么关系。作为一名学生，必须能够正确看待短期学业上的成败。生活之路是很漫长的，即使是哈佛大学最顶尖和最失败的学生也必须走完剩下三分之二的人生旅程。在学业上跑在前面的人，在长跑中往往会黯然失色，起初落后的人却往往会后来居上。

影响成功的因素还有很多：

首先是处理失意的能力。成功人士都能够饱受学习的失意而始终坚持不懈。成功的人总是在生活中勇往直前，富有弹性地面对失意和挫折。有时候许多人由于早年经历了太多成功——进入自己所选择的大学，或毕业于名牌大学，他们就不知道该如何摆脱失意或失败的情绪继续勇往直前，他们更像一只可爱的瓷茶杯：高雅、精致、美观，但是逆境袭来时则脆弱不堪。

第二是运气。这里的运气并不是指生于达官显贵之家，或者是中了大奖，如果你遗传了好的基因，接受了良好的教育，拥有关心你并给你提供好建议的人或导师；如果你生于美国，且生于这个世纪而不是中世纪，那么你获得的好运便已多于你应该获得的。幸运并不意味着安逸的生活，而是你的机遇。一个人，即使再有才能，但如果没有机遇，也很难让自己的才能得以发挥。

第三是一种公正感。你应该对他人公正。要获得成功，你必须有最优秀的人为你工作。如果你不公正或阴险地对待他人，他们会选择离开。你不得不让二流的人接管他们的工作，而同一群二流员工一起工作是很难取得成功的。

与一个虽然没有机会上大学却在残酷的生存竞争中熟知人情世故的文盲相比,象牙塔里的学生显然要打败仗。一个大学毕业生常常会不知道自己的真实分量,他往往生活在一个理想的王国里,而这个王国实际是没有那些人情世故的,所以,那些饱读诗书的人,常常会在这个王国里迷失自己,这是低情商的表现,究其原因就是他们没有认清实力与学历孰重孰轻。

哈佛告诉我们,你知道得很多,但如果你不善于把你的知识用于你的需要,那就没有什么用处。总之,能力往往比学历重要,它不仅仅是实力,更是一种高情商的表现,只要我们用好它,你将会事半功倍。

阻碍成功的,往往是我们已知的东西

"你改变不了环境,但你可以改变自己;你改变不了事实,但你可以改变态度;你改变不了过去,但你可以改变现在;你不能控制他人,但你可以掌握自己;你不能预知明天,但你可以把握今天;你不能样样顺利,但你可以事事尽心;你不能延伸生命的长度,但你可以决定生命的宽度;你不能左右天气,但你可以改变心情;你不能选择容貌,但你可以展现笑容。"这是一位身患癌症的女士用生命写下的诗句。这段话告诉我们,你要不断给自己鼓励,这是一种动力,更是一种能量,它能激活我们的内在潜能。

哈佛告诉学生:阻碍我们成功的,不是我们未知的东西,而是我们已知的东西。在生活中,杰出人士们总是站在异于常人的角度或者是超出常人的高度进行思考,他们能不断给自己鼓励,让潜能得到充分的开发。因此,他们更了解这个世界。

每个人都会有"自身携带的栅栏",若能及时从中走出来,是一种可贵的警悟。与生俱来的独一无二的创造自由的态度,勇于进取,绝不自损、自贬,在学习生活中勇于独立思考,在日常生活中善于注入创意,在职业生活中精于自主创新,正是能够从自我囚禁的"栅栏"里走出来的鲜明标志。

要从自囚的“栅栏”走出来，还创造力以自由，就要不断给予自我精神鼓励，在此基础上，对日常生活保持开放的、积极的心态，对创新世界的人与事持平视的、平等的姿态，在创造活动中保持成败皆为收获、过程才最重要的精神状态。

这些道理看似简单，却总是被人忽略。然而这位站在生命尽头的女士，却用她温柔的语言告诉我们：尽管世界上有太多难以掌控的事情，但只要我们选择恰当的方式，调动生命的能量，生活便能随我们的心意改变。无独有偶，美国的派蒂·威尔森用自己的行动证明了这是一个真理。

派蒂在年幼时就被诊断出患有癫痫。她的父亲吉姆·威尔森习惯每天晨跑，有一天派蒂兴致勃勃地对父亲说：“爸爸，我想每天跟你一起慢跑，但我担心中途会病情发作。”

她父亲回答说：“万一你发作，我也知道如何处理。我们明天就开始跑吧。”

于是，十几岁的派蒂就这样与跑步结下了不解之缘。和父亲一起晨跑是她一天之中最快乐的时光，跑步期间，派蒂的病一次也没发作。

几个礼拜之后，她向父亲表示了自己的心愿：“爸爸，我想打破女子长距离跑步的世界纪录。”她父亲替她查吉尼斯世界纪录，发现女子长距离跑步的最高纪录是80英里。

当时，读高一的派蒂为自己订立了一个长远的目标：“今年我要从橘县跑到旧金山(400英里)；高二时，要到达俄勒冈州的波特兰(1500多英里)；高三时的目标是圣路易市(约2000英里)；高四则要向白宫前进(约3000英里)。”

虽然派蒂的身体状况不是很好，但她仍然满怀热情与理想。对她而言，癫痫只是偶尔给她带来不便的小毛病，她从不因此消极畏缩，相反的，她更珍惜自己已经拥有的。

高中的最后一年，派蒂花了4个月的时间，由西岸长征到东岸，最后抵达华盛顿，并接受总统召见。她告诉总统：“我想让其他人知道，癫痫患者与一般人无异，也能过正常的生活。”

在我们看来，坚持不懈地跑步对正常人来说都不是一件易事，对癫痫病患者来说就更加困难。但是派蒂却站在终点，给自己力量，给自己加油，她笑对一切困难，最终用实力告诉人们潜能可以被激发，并可以改变一切。

人生中许多事情其实我们都能做到，只要我们坚持前进，只要我们懂得激活内在潜能，就没有什么可以阻止理想的实现，困难不可以，病痛同样不可以。

“如果我们做到所有我们能做的事情，我们毫无疑问会使自己大吃一惊。”发明家爱迪生曾经这样说过，他认为每个人都拥有惊人的潜力。因此，我们没有理由压抑自己本身的潜能。

有一句老话说：“在命运向你掷来一把刀的时候，你可能会抓住它两个地方：刀口或刀柄。”如果抓住刀口，它会割伤你，甚至使你送命。但是如果你抓住刀柄，你就可以用它来劈开一条大道。所以，只有突破内心甘于平庸的意识，才有机会握住刀柄，想要握住刀柄，就要有这个能力，想要有这个能力，就需要激发斗志与潜能。

突破平庸，就昭示着成功，其中一条捷径就是激发潜能。有人说过：“若不先离开海岸，是永远不可能发现新大陆的。”因此，当遭遇到大障碍的时候，你要抓住它的柄，换句话说，让挑战激发你的战斗精神。战斗的意识能够引发你的内部力量，唤醒沉睡的潜能。

每个人都拥有潜能宝藏

在每个人的身体里面，都潜伏着巨大的力量。

人体内都存在着巨大的内在力量，所以人人都能做成不朽的事业。

一个人一旦能对内在的力量加以有效的运用，他的生命便永远不会陷于卑微贫困的境地。

“我创造，所以我生存。”哈佛教授尼古拉斯·罗杰斯的这句话，被无数哈佛学子奉为至理名言，无数事实也为这句话做了很好的佐证。

每一个人身上都蕴藏着无限的潜在创新力，问题是看你如何认识“我能创新”这一点。创新力的开发受后天的诱导，特别是因自身努力的程度和方式的不同而出现很大的差异，只要认真培养与开发自己的创新力，就有可能收到意外的效果。

马克·扎克伯格，美国社交网站Facebook的创办人，被人们冠以“盖茨第二”的称号，哈佛大学计算机和心理学专业辍学生。据《福布斯》杂志保守估计，马克·扎克伯格拥有15亿美元身家，也是历来全球最年轻的自行创业亿万富豪。

在群雄逐鹿的互联网时代，他只是一个普通的大学生，没有什么突出的成绩，然而为什么能够在无数创业者中脱颖而出？很多人都想知道他成功的原因。在别人还在沿着老路进行创业的时候，2004年2月，还在哈佛大学主修计算机和心理学的他，要建立一个网站作为哈佛大学学生交流的平台。

当时，他也不知道自己能不能把这项任务完成，但他对自己有信心。他只用了大概一个星期的时间，就建立起了这个名为Facebook的网站。意想不到的是，网站刚一开通就大为轰动，几个星期内，哈佛一半以上的大学部学生都登记加入会员，主动提供他们最私密的个人数据，如姓名、住址、兴趣爱好和照片等。

学生们利用这个免费平台掌握朋友的最新动态、和朋友聊天、搜寻新朋友。很快，该网站就扩展到美国主要的大学校园，包括加拿大在内的整个北美地区的年轻人都对这个网站饶有兴趣，如今更是风靡全球。

马克·扎克伯格是一个再普通不过的哈佛学生了，没有过高的智商，但他却创造了比哈佛高才生还要好的成绩，这是为什么呢？是因为他成功挖掘了自己身上的宝藏。

不管环境有怎样的限定，没有一个人所无法解决的问题，对于强者来说，任何事情都不会太难。因为在每个人的身体里面，都潜伏着巨大的力量。这些力量，只要你能发现并加以利用，便可以帮你成就你所向往的一切东西。

人们体内的亿万细胞中，有着巨大的潜在力量。这种潜力要是能够被唤醒，就能做出种种神奇的事情来。然而大部分人好像都不明白这一点。病人在病势垂危、呼吸困难时，在听了医师或亲友的一席热烈恳切的安慰话后，竟然会起死回生。这种情况在医生看来，也是常有的事。一般来说，疾病之所以置人于死地，首先是因为病人失掉了对生命的自信。

运用智慧来开发无限的潜能，就仿佛用一把万能金钥匙打开未来之门，它将带给你不可胜数的挑战和惊喜。思想、精神等潜意识就是人类取之不尽、用之不竭的巨大宝藏，是伟大的造物者赋予我们的珍贵无比的财富。

德国诗人歌德说过："人的潜能就像一种力量强大的动力，有时候，它爆发出来的能量会让所有人大吃一惊。"所以，不管你是谁，你都是自己一生当中最重要的人。你的生命潜能如同一座取之不尽、用之不竭的宝藏。

约翰是哈佛大学音乐系的一名学生，这天，他和往常一样走进了练习室，在钢琴上，摆着一份全新的乐谱。

"超高难度……"他翻着乐谱，喃喃自语，感觉自己对弹奏钢琴的信心似乎跌到谷底。已经3个月了！自从跟了这位新的指导教授之后，约翰不知道为什么教授要以这种方式整人。他勉强打起精神，开始用自己的十指奋战、奋战、奋战……琴音盖住了教室外面教授走来的脚步声。

约翰练习了一个星期，第二周上课时正准备让教授验收，没想到教授又给他一份难度更高的乐谱："试试看吧！"上星期的课教授也没提。约翰再次挣扎于更高难度的技巧挑战。第三周，更难的乐谱又出现了。

像往常一样，教授走进了练习室。约翰再也忍不住了，他必须向钢琴大师提出这3个月来何以不断折磨自己的质疑。教授没开口，他抽出最早的那份乐谱，交给了约翰："你来弹弹这份乐谱吧！"

不可思议的事情发生了，连约翰自己都惊讶万分，他居然可以将这首曲子弹奏得如此美妙、如此精湛！教授又让约翰试了第二堂课的乐谱，约翰依然呈现出超高水准的表现……演奏结束后，约翰怔怔地望着老师，说不出话来。

“如果，我不这样训练你，可能你现在还在练习最早的那份乐谱，也就不会有现在这样的程度……”钢琴大师缓缓地说。

每个人都拥有属于自己的钻石宝藏，这就是潜力。这些“钻石”足以使你的理想变成现实，但是它们的表面也许蒙着一层灰尘，只有将灰尘抹去，这些珍宝才能闪耀出本来的光芒。

每个人心中都有一个美好的梦想，有的人希望能够享受高品质的人生，有的人希望能够以自己的能力带给他人幸福。现实生活的挫折和琐碎令每个人的追梦之路异常艰辛，却仍有人能够抵达成功的终点，因为他们发现了自己心中的巨人。

哈佛大学的校长科南特曾经说过：“垃圾是放错了位置的财宝。”所以，天才和凡人也只是一线之隔。只要你相信自己是一块金子，那么，你就能发现一种永不坠落、永不衰败、永不腐蚀的力量，这就是人的潜能。

人的潜能是永远挖掘不尽的，无限意味着永远不会破产，而我们作为无限能量的代言人，自然也不应以破产的面貌出现。开发自己的潜能吧，这会让你受用不尽。

发现自己的新大陆

哈佛告诉它的学子们：每个人都拥有一座潜能的宝藏。我们每个人都蕴藏着巨大的潜在力量，等待着我们去发现、去认识、去开发。这种力量，一旦引爆出来，将带给你无穷的信心和能量。所以，我们要善于发现自己的新大陆，用成功来创造我们的未来。

美国学者詹姆斯根据她的研究成果说：“普通人只发挥了他蕴藏能力的十分之一。与应当取得的成就相比较，我们不过是在沉睡。我们只利用了我们身心资源的很小的一部分，甚至可以说一直在荒废。”没有人知道自己到底具有多大的潜能，因而没有人知道自己会有多么伟大，所以我们应该找寻内心真实的自我，激发自己无穷的潜能。

在每个人的身体里面，都潜伏着巨大的力量。只要你能够发现并加以利用这种力量，便可以成就你所向往的一切东西。

如果能打开你心智的眼睛，看到你内在无限大的“宝藏”，你会发现在周围就有着无限财富。在你内心里面有着一座金矿，你可以从这座金矿取得所需的一切东西，从而使生活变得幸福、愉快和丰富。如果能够唤醒这种潜在的巨大力量，就往往会出现奇迹。世界上有无数平凡的人，但在这些人的体内同样有着巨大的潜能，只要能够激发他们体内的一小部分潜能，就可以成就他们伟大的、神奇的事业。

有这样一个笑话，说一个人夜晚走到坟墓附近，不小心掉进一个墓穴里，墓穴很深很滑，他怎么爬也爬不出去。已经是半夜了，几乎没有出去的可能了，他便在墓穴里闭目养神等待天明。过了一会儿，忽然有个喝醉酒的人也掉了进去，他拼命爬也没爬出去。这时，坐在一旁养神的人突然开口说：“不用爬了，我试了，爬不出去的。”这时，那个酒鬼被吓得忽的三两下就爬出去了。

这不禁让我们产生疑问：为什么起先掉下去的人没爬出去？酒鬼刚开始也没爬出去，但被前者一吓，怎么三两下就爬出去了呢？到底是什么因素使酒鬼产生这种“超常力量”呢？显然，这并不仅仅是身体的本能反应，它还涉及人的内在精神在关键时刻所爆发出的巨大力量。

著名作家柯林·威尔森曾用富有激情的笔调写道：“在我们的潜意识中，在靠近日常生活意识表层的地方，有一个‘过剩能量储藏箱’，存放着准备使用的能量，就好像存放在银行里个人账户中的钱一样，在我们需要使用的时候，就可以派上用场。”

每个人都具有某种特殊的才能，这种特殊才能就是你的新大陆，要想成功，不仅要善于发现它，更要利用好它。

所以，不妨试着用小方法来提升自己的身价，找出对自己人生有利的新大陆。

任何人都有某种特殊才能，有某种特别关心的事物，运用这些，将对自己的人生大有助益。

要重新估价自己的某些“长处”。

“鬼主意或小才能不重要”的观念是大错特错的。

不要钻牛角尖，不要去探求才能是从哪里来的。

刚开始利用这些才能时，可能需要相当的勇气，一旦突破之后，就易如反掌了。

告诉自己能行，每天自我激励。

你不妨自己好好审视一番，你所具有的任何才能，都是暗示你身价即将大涨的前兆，所以你必须慎重仔细地考虑如何运用，这些都是使你拥有自信以及迈向成功的契机。

对哈佛大学来说，重要的不是出了8位美国总统和40位诺贝尔奖获得者，而是让进哈佛的每一块金子都发光。

在你的身上拥有钻石宝藏，它就是潜力和能力。这些“钻石”足以使你的理想变成现实。只要你不懈地挖掘自己的钻石宝藏，积极地运用自己的潜能，你就能够做好你想做的一切，你就能够成为自己生活的主宰。然而大部分人都没有认识到这一点。世界上有无数庸庸碌碌的人，在这些人的体内同样有着巨大的潜能，只要能够激发他们体内潜能的一小部分，发现他们自己的新大陆，那么他们就已经迈向了成功的第一步。

成功的人往往不是因为知识多丰富

情商的高低，可以决定一个人的其他能力，包括智能能否发挥到极致，从而决定他有多大的成就。情商比智商更重要，如果说智商更多地被用来预测一个人的学业成绩的话，那么，情商则能被用于预测一个人能否取得事业上的成功。优异的学业成绩，并不意味着你在生活和事业中能获得成功。成功不仅取决于个人的谋略才智，在很大程度上还取决于他正确处理个人的情感与别人情感之间关系的能力，也就是自我管理和调节人际关系的能力。

人类在关于怎样才能成功的问题上，从来不曾停止探索的脚步。熟悉电影的人们一定都会记得《阿甘正传》，这是一部好莱坞大片，男主角汤姆·汉克斯更是凭借它而一举夺得奥斯卡“小金人”。

那么，汉克斯在片中饰演的角色是怎样的呢？为何这部影片至今还常常为人们所津津乐道？

影片中的男主角名叫阿甘，他从小就是一个有点行动不便的男孩，准确地说是有点残疾。然而不幸的事情不在这里，而在他的母亲到处为他找学校，却没有一所学校愿意接收他，原因在于他的智商只有75。但是后来阿甘的表现让每位观众都为之感动。他凭借执着、善良、守诺、勇敢的个性，一度成为美国人民心中的英雄。

故事也许是虚构的，却向我们揭示了这样一个道理：智商的高低与人生的成就不能直接画等号。阿甘重情重义、执着乐观的个性，是他成功的重要保障，这也是来自于情商的能量。

智商曾一度统治过成功学的领域，人们在感慨谁智商高谁就能成功的同时，不禁有些迷茫，原因在于发生在我们身边的一个个高智商神话的破灭。太多的天之骄子的言行让我们震惊，我们不禁要问：难道是这些学生不够聪明？还是他们不能意识到问题过后的严肃性结局？这是一个不言而喻的结论，因为我们都明白问题的根源不在于他们的智商，而是他们不懂控制自己的情绪，以致情绪失控；不知道调整自己的心理状态，于是在面对人生逆境时选择了结束自己的生命……

关于成功，有一个秘密：成功的人往往不是因为知识多么丰富，而是因为他们的情感的成熟。

事实上，高智商者不一定取得成功，情商在人生成就中起着不可忽视的作用。情商的高低，可以决定一个人的其他能力，包括智能能否发挥到极致。情商比智商更重要，如果说智商更多地被用来预测一个人的学业成绩的话，那么，情商则能被用于预测一个人能否取得事业上的成功。优异的学业成绩，并不意味着你在生活和事业中一定能获得成功。

事实已经证明，成熟的情感，也就是我们说的情商，对人的成功有着至关重要的作用。在许多领域卓有成就的人当中，有相当一部分人，在学校里被认为智商并不高，但他们充分发挥了他们的情商，最终获得了成功。

而且从我们的个人体验来说，我们也喜欢那些乐于帮助别人并且平易近人的人，而不是古怪的科学家。

1936年9月7日，世界台球冠军争夺赛在纽约举行。路易斯·福克斯的得分一路遥遥领先，只要再得几分便可稳拿冠军了，就在这个时候，他发现一只苍蝇落在主球上，他挥手将苍蝇赶走。可是，当他俯身击球的时候，那只苍蝇又飞回到主球上，他在观众的笑声中再一次起身驱赶苍蝇。这只讨厌的苍蝇破坏了他的情绪，而且更为糟糕的是，苍蝇好像是有意跟他作对，他一回到球台，它就又飞回到主球上来，引得周围的观众哈哈大笑。路易斯·福克斯的情绪恶劣到了极点，他终于失去了理智，愤怒地用球杆去击打苍蝇，球杆碰到了主球，裁判判他击球，他因此失去了一轮机会。路易斯·福克斯方寸大乱，连连失利，而他的对手约翰·迪瑞则愈战愈勇，终于赶上并超过了他，最后拿走了桂冠。第二天早上，人们在河里发现了路易斯·福克斯的尸体，他投河自杀了！

这个悲剧告诉我们，低情商者往往会做出人们意想不到的事情，处于情绪低潮当中的人们，容易迁怒周遭所有的人、事、物，这是自然而然的。情绪的控制，有待智慧的提升，而这种智慧的提升则是情商的提升。

在美国，人们流行一句话：智商决定录用，情商决定提升。

与社会交往能力差、性格孤僻的高智商者相比，那些能够敏锐了解他人情绪、善于控制自己情绪的人，更可能找到自己想要的工作，也更可能取得成功。情商为人们开辟了一条事业成功的新途径，它使人们摆脱了过去只讲智商所造成的无可奈何的宿命论观点。

心理学家认为，情绪特征是生活的动力，可以让智商发挥更大的效应。所以，情商是影响个人健康、情感、人生成功及人际关系的重要因素。

有些人在潜力、学历、机会各方面都相当，后来的际遇却大相径庭，这便很难用智商来解释。曾有人追踪1940年哈佛的95位学生中年的成就(相对于今天，当时能够上哈佛的人比上不了哈佛的人，差异要大得多)，发现以薪水、生产力、本行业位阶来说，在校考试成绩最高的不见得成就最高，对生活、人际关系、家庭、爱情的满意程度也不是最高的。

另有人针对背景较差的450位男孩子做同样的追踪，他们多来自移民家庭，其中三分之二的家庭仰赖社会救济，住的是有名的贫民窟，有三分之一的智商低于90。研究同样发现智商与获得的成就不成比例，譬如说智商低于80的人里，有7%的人失业10年以上；智商超过100的人中同样有7%的人失业10年以上。就一个四十几岁的中年人来说，智商与其当时的社会经济地位有一定的关系，但影响更大的是儿童时期处理挫折、控制情绪、与人相处的能力。

波士顿大学教育系教授凯伦·阿诺曾参与上述研究，她指出："我想这些学生可归类为尽职的一群，他们知道如何在正规体制中有良好的表现，但也和其他人一样必须经历一番努力。所以当你碰到一个毕业致词代表，唯一能预测的是他的考试成绩很不错，但我们无从知道他适应生命顺逆的能力如何。"

总之，智商对于我们固然重要，但是如果少了情商，你将会失去人生中最重要的部分。

一点点勤奋起来，那么你会有意想不到的收获。

情商是可以改变的

在美国，人们流行一句话："智商决定是否被录用，情商决定是否被提升。"情商不是天生注定的，是可以通过学习进行改变的，如提高对自我的心理、感情成熟与否的认识能力；在日常生活中，用转移注意力等方式理性地控制情绪；运用内在动力和外在压力激励自我发展的能力；通过拉近空间距离和加大交往频率等方式提升人际交往能力；常常换位思考去认知他人的能力……这些能力都是可以在后来改变的。

思想改变情商。

既然想到和得到之间似乎存在着一种天然的承接关系，那么是不是说我们想要一辆车，这辆车就会立刻出现在我们面前？我们想要一座房子，便会得到那栋漂亮别墅的钥匙呢？这些天方夜谭式的想法仿佛只会存在于童话故事中，但事实上我们完全有能力把它变为现实。

如果你能积极地面对生活，令人满意的生活就会降临到你的身上；反之，如果你认为自己注定一生倒霉，那么你便永远无法得到幸运女神的青睐。实际上，人类的生活正是思想的体现，所以我们在人生之路上迈出的每一步，根源都在于我们头脑中瞬时形成的想法，想法会形成感受，从而产生行动，导致结果，并最终成为我们能够感受到、触摸到的现实生活。所以，改变你的想法便能改变命运。

高情商者往往都会随着时间、社会、环境的变化而改变思想。每当一个使你感到沮丧或者消极的念头潜入你的思维时，马上提醒自己将想法转移到使你感觉良好或者充满正能量的事情上。唯有这样，你才能选择正确的想法，明确地知道自己想要的是什么，才能实现吸引力法则这一宇宙法则的意义，获得行动的引导和动力。

我们首先要改变自己，改变情商。

在数亿万年前，恐龙曾经是地球上最强大、最活跃的物种之一，但不知道什么原因灭绝了，至今没有一个科学家能拿出确实的证据。但有人曾提出一个观点，就是当环境发生剧烈变化的时候，长期安于现状的恐龙缺乏“应变”和“学习”能力，无法改变自己以适应环境的变化。

现实生活中，存在很多恐龙式的人，我们姑且称之为“恐龙族”。“恐龙族”不喜欢改变，他们安于现状，没有野心，没有创新精神，没有工作热忱，满脑子目前的状态，不设法改进自己，不让自己有资格做更好的工作。“恐龙族”不肯承认改变的事实，他们不愿为自己制造机会，而情愿受所谓运气、命运的摆布。

在我们周围，你能发现许多类似的人：他们的生活状态不一定很好，可也不算很坏；他们的生活质量不一定高，可也不算太低；他们的人生说不上成功，可也算不上失败。他们一生最大的愿望就是能将他们目前的生活状态保持下去。他们也想过冒险，从而使自己的人生更加丰富多彩，但他们又担心万一失败连自己现在的也失去了。也就是说，寻求一种生活的安全感成了他们所追求的最高的人生目标。

如果总是随遇而安，把所谓的生活安全感放在人生的第一位，久而久之，我们就会产生一种惰性，机会来到面前也把握不住。所以一个高情商的人需要斗志，需要改变自己，这样才能更好地适应千变万化的世界。

我们应该了解知识改变情商。

我们说知识决定命运，主要有两个方面的含义：一是指知识本身所具有的前所未有的巨大功能；二是指知识能够改善人的心态，重塑人的性格，从而改变人的情商。

歌德说：“人不只是靠他生来就拥有的一切，而是靠他从学习中所得到的一切来造就自己。”培根在《论读书》中写道：“读史使人明智，读诗使人聪慧，演算使人精密，哲理使人深刻，伦理使人有修养，逻辑修辞使人善辩。”显然，学习可以改变人的智商和情商。

有人则从另一个角度论述：竞争日益激烈的环境里，等到与对手碰面时，胜负其实早已定了。竞争比的是“准备”，比的是日积月累。

这种积累和准备，泛一点说，就是知识的积累和准备；具体点说，就是心态的准备、目标的准备和行动的准备（调整心态、明确目标、采取行动，都是求知的一部分）。

英国学者爱迪生说得对：“知识仅次于美德，它可以使人真正地、实实在在地胜过他人。”没有知识（包括资讯、心态、目标等）的准备，你不会找到什么，也不可能碰到什么。知识的准备和积累，不仅仅是书本知识，更应该是广义的知识，比如说兴趣、爱恨、阅历等，这些不仅改变自己的内涵，而且还会提高人们的情商。

我们还应改变心态，提高快乐情商。

每个人在生活中都会有类似的小插曲，这些小插曲正是我们追求快乐的最佳方法。要活得快乐，就必须改变自己的态度。世界呈现给我们的是一样的，所差别的只是对事物的看法不同而已。要活得快乐，就要试着改变自己的态度。这就是快乐的真谛。

有一次，爱特到美国观光，导游说西雅图有个很特殊的海鲜市场，在那里买鱼是一种享受。同行的朋友听了，都觉得好奇。

那天，天气不是很好，市场里虽然鱼腥味刺鼻，却充满了鱼贩们欢快的笑声。爱特好奇地问当地的鱼贩：“你们在这种环境下工作，为什么会保持愉快的心情呢？”他说，事实上，几年前的这个鱼市场本来也是一个没有生气的地方，大家整天抱怨。后来，大家认为与其每天抱怨沉重的工作，不如改变工作的品质。于是，他们不再抱怨生活的本身，而是把卖鱼当成一种快乐。

爱特又问：“为什么一整天在这个充满鱼腥味的地方做苦工，你们竟然还这么快乐？”鱼贩们已经习惯了给这些不明所以的人排疑解难。有时候，鱼贩们还会邀请顾客参加接鱼游戏。即使怕鱼腥味的人，也很乐意在热情的掌声中一试再试，意犹未尽。每个愁眉不展的人进了这个鱼市场，都会笑逐颜开地离开，手中还会提满了情不自禁买下的货，心里似乎也会悟出一些道理来。

一个高情商的人会改变自己的心态来获取快乐的心情，而这种好情绪还会感染身边的每一个人。抱怨于改善环境无益，与其做无谓的事情，不如改变心态，使自己快乐起来。

总之，情商是可以改变的。哈佛教授说："低智商的人不可怕，可怕的是低情商的人。"想要成为一个高情商的人，就要学会改变自己的心态，成为一个快乐的人。

第三章　高情商必备的五种能力

第一种能力:自察与察他能力

自我察觉是情商的基本能力之一,是指了解自己感受到了什么,为什么有这种感受,以及引发这种感受的原因。

斯坦和布克说过:“情绪的自我察觉是构建其他多数情商能力的基础。”察觉自己的情绪是成功与环境相互作用的关键。在现实生活中,人们常常把自己的内心感受投射到其他人的身上,为了提高我们的交互能力和改善人际关系,我们有必要审视内心的变化。

奥普拉·温弗瑞是美国王牌节目《奥普拉·温弗瑞脱口秀》节目制片、主持人。她的一个优势就是时刻与自己和他人保持沟通,清楚自己要的是什么,清楚自己的感受,同时观察他人,并获得他人的认可与欢迎。

奥普拉能和人们心心相印,让对方有安全感,感到安心舒适,所以她是一个高情商的人。

一般我们能察觉的命题包括:

人的生命是有限的,我们无法拥有无限的时间去完成生活中想要做的一切事情。

我们有采取行动或不行动的潜能,即使不行动,也是一种决定。

由于我们选择自己的行动,因此能创造出自己的部分命运。行动会让我们的理想变得不再空洞。

人生的意义是我们寻求及创造成独特目的之产物,并不会自动出现。

基本上,存在的焦虑来自于我们的自由意识,它是我们生活里的重要部分。当我们对可行的抉择增加察觉能力时,同时也就增加了对抉择结果应负的责任感。

我们很难克服寂寞、空虚、内疚和孤独,这些都会让一个人变得忧郁。

基本上,每一个人都是孤独的,但是我们也有和他人建立关系的机会。

这样的话孤独就会减少,自己也会获得心灵上的安慰。

情绪的自我察觉很重要,因为它是做人的核心能力。对一个人影响最大的人就是自己,理解自己是理解他人的第一步。

增强自我察觉是所有咨询的目标,其中包括对其他选择、动机、影响个人的因素以及个人目标的察觉等。治疗者有义务使当事人了解,增强自我察觉必须付出代价。当某人的察觉能力愈来愈精进时,就会发现更难回到原状。对于个人状况无知可能会带来满足感,但部分的死亡感也会伴随而来,然而,当一个人开启内在世界的多扇门窗时,他们可以预期更多的挣扎与更能自我实现的潜能。

关于"自我察觉",它不仅包含着对自身的察觉,同时也在极大程度上涵盖了对他人的察觉。我们可以通过观察他人的言行,更好地理解对方,从而更好地做到"共情"。在现今的社会中,一个人只有懂得理解与合作,才能更好地成就他自身的工作与生活,而这种对他人的洞察力,可以促使我们取得事半功倍的效果。同时,我们只有心中有他人,把"小我"融入到"大我"中,才能成为一个具有社会兴趣的人,才能让自己的生活真正具有意义。

那么怎么观察一个人呢?

首先从眼睛开始,因为眼睛是人的心灵之窗,一个人的想法经常会由眼神中流露出来,譬如天真无邪的孩子,目光必然清澈明亮,而利欲熏心的人,则无法掩饰他眼中的混浊不正。

在人们交谈的过程中,如果对方不时地把目光移向近处,则表示他对你的谈话内容不感兴趣或另有所想。如果对方的眼神上下左右不停地转动,无法安定下来,可能是因内心害怕而说谎,通常都有难言之隐,也许是为了不失去朋友的信任,而对某些事情的真相有所隐瞒。另外,和异性视线相遇时故意避开,表示关切对方或对对方有意;眼睛滴溜溜地转个不停的人,体现了意志力不坚,容易遭人引诱而见异思迁。

眼神与性格品质的关系:眼睛的神采如何,眼光是否坦荡、端正等,都可以反映出对方的德行、心地、人品、情绪。如果对方的眼睛滴溜溜地乱转，很明显，你必须心存戒备了。躲闪对方目光的人，一向缺乏足够的信心，不仅怀有自卑感，而且性格软弱，遇到陌生人，不会主动地前去打招呼，即使打招呼也是躲闪着别人的眼睛，这样的人一般比较拘谨，在处理问题时缺乏自信，没有什么主见。当然，如果是一对恋人，那么躲闪对方的目光又是另一回事了，那表示紧张或羞涩。

其次是动作。一个人的动作往往会反映出他的心里有话说。如他上身前倾，肩膀向下垂落，视线飘过你的头顶，很多人在决定吐露事情真相的关键时刻，会不由自主做出这种肢体语言。这个姿势代表他的心理处于柔顺、服从的状态，并暗自希望能获得你的谅解。

如果他想说的并非是什么对不起你的亏心事，当然不会藏在心里太久。假使他欲言又止的次数愈来愈频繁，话到嘴边又吞了回去，代表事情的真相极有可能惹得你非常不悦。

如果他的手置于臀部下方，也就是说，他坐在自己的手上，说明他很紧张。当人们自在、无保留地表达自我感受时，双手通常会不自觉地飞来舞去，把手垫在臀部下方，坐在自个儿的手上，代表此人正竭力控制自己，以免脱口说出不该说的话。

第二种能力：理解能力

现实判断决定着我们对周围世界发生的事物的辨别程度，比如说人际关系，当一个人对人际关系有了一定辨别，那么他就会根据自己的判断与人交往。

斯坦和布克强调现实判断的一个重要方面时，提出现实判断必须发生在“现在”。他们认为：“现实判断包括接受直接情景，它表示能够客观地看待事物，按照它们本来的面目做出判断。简单地说，现实判断就是能够准确地判断直接情景。”

比如说人际关系，在人际关系中，现实判断起了很大的作用。我们无法把握现在的人际关系，只能通过自己的认知获得，比如这个人的背景、人生观、价值观等，我们的认识源于他们背后的一切，它们给我们描绘了一个地图，去了解他人的地图，但是无论这张地图多么准确，也永远成不了整个现实版图。提高现实判断才能让这个版图更加丰富、准确。

绝大多数人认为人际关系是令他们头痛的事，奇怪的是你越觉得它讨厌，你就越不容易搞好它。于是，我们会羡慕那些总受人们喜欢的人，不知他们的成功秘诀在哪儿。其实，差别就在于情商的高低。

布朗先生参加一个社交聚会，交换了一大堆名片，握了无数次手，也搞不清楚谁是谁。几天后，他接到一个电话，原来是几天前见过面，也交换过名片的“朋友”，因为那位“朋友”名片设计特殊，让他印象深刻，所以记住了他。

这位“朋友”也没什么特别的目的，只是和他东聊西聊，好像两人已经很熟了一样。布朗先生不大高兴，因为他和那个人没有业务关系，而且也只见了一次面，他就这样打电话来聊天，让他有被侵犯的感觉，而且，也不知和他聊什么好。

在现代社会中，这种情形常会出现，以这位“朋友”看来，他有可能对布朗先生的印象颇佳，有心和他交朋友，所以主动出击，另外也有可能是为了业务利益而先行铺路。但不管基于什么样的动机，他采取的方式犯了人际交往中的忌讳——操之过急。拓展人际关系是社交场上的必然行为，但在社会上，有一些法则还是必须注意，才能达到预期的效果，而不致弄巧成拙。那个“朋友”之所以让布朗先生不高兴，是因为在人际关系里，他缺乏现实判断，从而引起布朗先生的反感。

在现代社会生存发展，的确需要拓展人际关系、积累人脉，但朋友是需要时间去交往的。太过心急，只会引起对方的反感而逃避。所以，搞关系也要循序渐进，一步一步慢慢接触，这样拓展出的人脉才是稳定的，这才是正确的现实判断。

高情商者不仅会受到他人的喜爱,更易得到别人的帮助。高情商的人知道如何培养现实判断,从而达到人际关系的通达。

情商的高低决定一个人所思所为的差异,而这一切都决定了你给他人留下的印象、受欢迎的程度。一个人在生活中经常会遇到种种不如意,有的人容易因此大动肝火,结果把事情搞得越来越糟。而有的人则能很好地控制自己的情绪,加强自己的现实判断,无论是对自己还是对他人都有一个正确而客观的判断,所以他们在交际中常立于不败之地。

培养出色的现实判断力,对于人们的人际关系有着很大的益处。它能够让人们避免因为粗心大意让自己和他人遇到意想不到的麻烦,从而使人际关系变得极差。

总之,想成为一个高情商的人就需要有良好的现实判断能力,从而促进人们和其他成员达成共识,打造良好的人际关系网。

第三种能力:自我实现的能力

巴昂说过:自我实现是追求、实现潜在能力、才能和天资的过程。它要求个体具有确定和实现目标的能力和动力。它的特征是参与并感受全身心致力于各种兴趣与追求,从而解决问题。只有当人的潜力充分发挥并表现出来时,人们才会感到最大的满足。

对希望自己的人生能臻于自我实现的人,马斯洛有以下建议:

把自己的感情出口放宽,莫使心胸像个瓶颈。

在任何情境中,都尝试从积极乐观的角度看问题,从长远的利害做决定。

对生活环境中的一切,多欣赏、少抱怨;有不如意之处,设法改善;坐而空谈,不如起而实行。

设定积极而有可行性的生活目标,然后全力以赴求其实现,但不能期望未来一定不会失败。

对是非之争辩，只要自己认清真理正义之所在，纵使违反众议，也应挺身而出，站在正义的一边，坚持到底。

莫使自己的生活僵化，为自己在思想与行动上留一点弹性空间，偶尔放松一下身心，将有助于自己潜力的发挥。

与人坦率相处，让别人看见你的长处和缺点，也让别人分享你的快乐与痛苦。

自我实现能够促进人们快速成长，随着人们潜能的不断提高，自我实现能力无可限量，它可以帮助人们解决很多问题，甚至能超越自己的能力，从而发现不一样的自己。

当遇到不顺心的事时，要告诉自己一切都会过去的，这没有什么大不了的。相信自己通过努力可以改变目前的状态，这是一种神奇的力量，来自于自我实现的力量，也是情商的重要内容之一。

在自我实现的过程中应该问自己几个问题：

在此过程中我做得怎么样？是否达到了我预期的效果？

在此过程中我表现得如何？是否被人们认可，是否达到了解决问题的目的？

我对现在的状况满意吗？是我想要的吗？

这次经历中，是按照我的思想与进度前进的吗？

我是受到鼓舞和肯定而成为最出色的吗？

这些问题都会在自我实现与解决问题当中出现，高情商的人会把这些问号都变为一个理想化的结局。

我们可以做一个小小的测试，看看你的自我实现如何。

针对下面的陈述，按以下标准自动选择最符合你的分数：

1=不同意；2=比较不同意；3=比较同意；4=同意

1. 我不为自己的情绪特征感到丢脸，我会表现得很平淡。

2. 我觉得我必须做别人期望我做的事情，而且得到对方的认可。

3. 我相信人的本质是善良的、可信赖的，恶是后天环境造成的。

4. 我觉得我可以对我所爱的人发脾气，以达到发泄的目的。

5. 别人应赞赏我做的事情，这样我会感觉自己被尊重。

6. 我不能接受自己的弱点，并一定要改正它。

7. 我能够赞许、喜欢他人。

8. 我害怕失败，不敢面对失败，甚至有些时候还会逃避。

9. 我不愿意分析那些复杂问题并把它简化。

10. 做一个自己想做的人比随大流好。

11. 在生活中，我没有明确的要为之献身的目标。

12. 我恣意表达我的情绪，不管后果怎样。

13. 我没有帮助别人的责任。

14. 我总是害怕自己不够完美。

15. 我被别人爱是因为我对别人付出了爱。

记分时，以下题目要反向记分：2、5、6、8、9、11、13、14（选择“1”计 4 分；选择“2”计 3 分；选择“3”计 2 分；选择“4”计 1 分）。然后把 15 道题的分数相加，还可以将你的分数和下表的大学生常模进行比较。

	平均分	标准差
男生	45.02	4.95
女生	46.07	4.79

第四种能力：忍受压力的能力

生活中有许许多多的事是我们始料不及的，但是如果你能忍受压力，跌倒了还能够爬起来，现实往往会与理想产生矛盾，有了矛盾就会有压力，也许你的心中有一盏指路明灯，可它似乎可望不可及，折磨着你那进取的心;或许你想做些好事,却把事情弄得一团糟;或许你憎恨背信弃义,可又耽于世上的一切琐事;或许你很想超越自我,但现实却被一一否定……压力渐渐向我们袭来,我们想要活得充实、自在、快乐,那就必须学会忍受压力的折磨。

哈佛学者说:“人们在忍受压力的同时,会有一个动力支撑着,那就是坚持梦想。”曾经有一个研究机构,针对哈佛大学毕业生的事业成功规律做过一次调查。最后研究者发现:同样基础的人,那些做出巨大成功的绝大部分是年轻时就心怀梦想,并始终坚持的那些。而虽然同样毕业于这所顶尖大学,成绩也相当优秀但没有梦想的那些毕业生,往往碌碌无为。

美国《孟菲斯商报》上一篇题为《紫色之光照耀大地》的文章指出:“联邦快递公司的故事,就是充满了理想、冲动、资本及冒险的企业成长的故事。”风险投资资本家戴维·西尔弗说:“联邦快递公司是一个奇迹。”

联邦快递早在创立之初的三四年里,就遇到过五六次重大危机,但是弗雷德·史密斯始终拒绝放弃,设定的目标没有达成他是绝不罢休的。弗雷德·史密斯充满传奇色彩的创业故事是联邦快递公司执行精神的源头。

1971年6月28日,联邦快递公司正式成立。创业之初,弗雷德寻求与美国联邦储备系统的合作,因为当时的联邦储备系统有许多票据需要在银行间传输,是一个极大的客户。在弗雷德·史密斯看来,自己提供的隔夜传递可以为对方节省大量的金钱与时间,好处是显而易见的,对方根本没有理由拒绝这种服务,他坚信这笔生意肯定能做成,甚至连公司的名字都定为联邦快递公司。在与联邦储备系统进行谈判的同时,这个冒险家就已经信心十足地购买了两架飞机,还投资35万美元,为一笔360万美元的银行贷款做了担保,把购得的客机改装成货机以适用于运送包裹。

可是,几周以后,弗雷德得到的却是联邦储备系统拒绝接受“隔夜快递”服务的消息,因为这会让很多原先运送票据的人失去财源。用飞机为联邦储备系统快递票据的计划彻底失败了,特地购买的两架飞机被闲置在机库里,刚刚建立起来的联邦快递公司和年仅26岁的弗雷德面临着首战失利的沉重打击。每个人都对弗雷德·史密斯说,他开创隔夜送包裹的速递服务是疯了,民用航空委员会决不会批准这么做,可靠的送货员也不可能找到。此外,如果这种服务有市场,主要的航空公司早已经这么做了。

从1972年到1973年初,弗雷德投资75000美元组成了由专家、飞行员、技师、广告代理商等组成的高级顾问小组,再次进行市场研究。结论是,小件包裹的快递业务确实有巨大的市场潜力。弗雷德·史密斯制订的新营业计划更加复杂和宏大,要有很多的飞机和汽车,还要在全国建立服务网、开通多条航线。

联邦快递就这样不屈不挠地坚持了两年,最终迎来了重大的转机。由于对商业运输的需求突然猛增,国内主要货运机构对大城市的业务都应接不暇(铁路快运公司还因员工的长期罢工而破产),根本就没有力量去满足小城市的要求,这为联邦快递提供了重大的市场缺口,使它的业务量迅速增加。

最后,联邦快递公司终于走出困境,并创造了奇迹。1977年,弗雷德·史密斯被纽约一家杂志评选为全国十大杰出企业家。

正如美国的托马斯·爱迪生所说:“天才是1%的灵感加99%的汗水。”最重要的是在关键时刻能忍受压力,并坚持最初的梦想。在任何时候,面对困难我们都不要妥协,要坚信“再努力一次”就会有新的转机。

再伟大的成功,都是做出来的结果。此语虽然简单,但能揭示成功最基本的规律。在泰山脚下,畏难者会想,那么高远,何以登顶?而不畏难者,目标在前,脚下一步一脚印,终能登顶。安于呆在山脚下的人,永远没有高远的视野、行动的勇气和决心,更难享成功的快乐。而那些登顶者,才能享受到过程的快乐,欣赏到高处的风光。才能“一览众山小”,拥有非凡的气概。

谁都知道凡尔纳是一位世界闻名的法国科幻小说家,但很少有人知道,凡尔纳为了发表他的第一部作品,曾经遭受过多么大的挫折。

这里记录的,就是凡尔纳当时一段令人难忘的经历:1863年冬天的一个上午，凡尔纳刚吃过早饭，正准备到邮局去，突然听到一阵敲门声。凡尔纳开门一看，原来是一个邮政工人。工人把一包鼓鼓囊囊的邮件递到了凡尔纳的手里。一看到这样的邮件，凡尔纳就预感到不妙。自从他几个月前把他的第一部科幻小说《乘气球五周记》寄到各出版社后，已经是第14次收到这样的邮件了。他怀着忐忑不安的心情拆开一看，上面写道："凡尔纳先生：尊稿经我们审读后，不拟刊用，特此奉还。××出版社。"每看到这样一封封退稿信，凡尔纳心里都是一阵绞痛。这次是第15次了，还是未被采用。

他妻子安慰丈夫道："亲爱的，不要灰心，再试一次吧。"凡尔纳沉默了好一会儿，然后接受了妻子的劝告，又抱起这一大包书稿到第16家出版社去碰运气。这次没有落空，他们读完书稿后，立即决定出版此书，并与凡尔纳签订了20年的出书合同。

没有他妻子的疏导，没有"再努力一次"的勇气，我们也许根本无从读到凡尔纳笔下那些脍炙人口的科幻故事，人类就会失去一份极其珍贵的精神财富。

每个人的生命都是由自己掌控的，享受它、承受它，这是唯一真正属于你的权利。坚持自己的梦想，这样你会把压力变为动力，驱使着你前进。

下面来测测你的承压指数吧！

小小奇异果，不仅营养健康，还可以测试出你到底可以承受多少压力。请问奇异果给你什么感觉？

A.青涩香甜

B.点缀甜点时非常漂亮

C.小巧可爱

D.毛茸茸的外皮很可爱

E.毛茸茸的外皮不太好看

测试分析：

选择A：承受压力指数为8分。

你生命力旺盛，能快速了解别人的需要，善于理解复杂的人际关系，容易成为富贵中人。品位高，条件好，并重视个人成长，是一个极有智慧的人。这种人容易自以为是而粗心犯错，使别人深感困扰，不听别人劝导而惹来烦恼，会因此而情绪失控，要记得小心，不要触犯他人。

选择B：承受压力指数为3分。

你喜欢简单朴实的人生，诚恳的生活态度，使围绕在你身边的人，很有自信和安全感，你会全力以赴地去照顾和体贴心爱的人和所有亲朋好友，多愁善感是压力指数的致命伤。使你最感骄傲的是人人都因你而有福，希望得到别人的鼓励和赞扬使你疲倦，不如放下标准，自由自在地过自己的人生。

选择C：承受压力指数为9分。

诚恳地对待他人，使你能透视这个世界，找到纯真善良的一面，充满自信又肯上进。你的特长是能找到许多机会，创造健康快乐的人生，与人和平共处，人缘极佳。胆小怕事使你包容许多人的缺点，任由他们做坏事，不知后果的严重性，小心受牵连，多交一些世故的朋友，帮助你认清事实。

选择D：承受压力指数为7分。

你有喜感十足的性格，活泼、浪漫、天真，像未失童心的人，永远能陶醉在欢笑声中，快乐时会想欢呼或手舞足蹈，你不会让痛苦或枯燥的生活打扰你欢愉的心情，是典型适者生存者。你的持续能力不长，有碍事业发展。若喜欢把事业放在娱乐之后，更需检讨人生失败的原因，因为你会因此而导致太多困扰。

选择E：承受压力指数为6分。

敏感度很高，适合从事有创意的工作。工作能力很强，能主动关怀许多人与事物，即使相貌平凡也露出纯朴实在的气质。你永远都会把感情和事业放在非常重要的地位，不断走向前程。你是勇气十足的人，胆识高人一等，但无法恰当表现自己的才华，你应该先懂得生活，人际关系才会处理好，压力因此而消失。

第五种能力:控制情绪的能力

控制情绪是成就大事的本领。没有控制,你的强项就会顿时消失。人是一种具有思维和感情的动物,所以每个人都有情绪的波动,这也是人和其他动物的不同之处。不过,现实生活中有人控制情绪功夫一流,喜怒不形于色;有人则说哭就哭,说笑就笑,当然,也会说生气就生气。随意哭笑的情绪表现到底是好还是坏呢?有人认为,这是一种"率直"的性格,是一种很可爱的人格特征。这么说也不是没有道理,因为喜怒哀乐都表现在脸上的人,别人容易了解,也不会对他持有戒心,而且,有情绪就发泄,而不积压在心里,这也有利于心理卫生,但说实在的,这种"率直"实在不怎么适合在现实社会中行走。

一位骑师精心训练了一匹好马,所以骑起来得心应手。只要他把马鞭子一扬,那马儿就乖乖地听他支配,而且骑师说的话马儿句句都明白。

骑师认为用言语指令就可以驾驭了,缰绳是多余的。有一天,他骑马外出时,就把缰绳给解掉了。

马儿在原野上驰骋,开头还不算太快,仰着头抖动着马鬃,雄赳赳地高视阔步,仿佛要叫它的主人高兴。但当它知道约束都已经解除了的时候,它就开始大胆了,再也不听主人的叱责,愈来愈快地飞驰在辽阔的原野上。

不幸的骑师,如今毫无办法控制他的马了,他用颤抖的手想把缰绳重新套上马头,但已经无法办到。失去羁控的马儿撒开四蹄,一路狂奔着,竟把骑师摔下马来。而它还是疯狂地往前冲,像一阵风似的,路也不看,方向也不辨,一个劲儿冲下深谷,摔了个粉身碎骨。

情绪就如同这匹马一样,如果你不控制住,就如同脱缰的马儿一样,虽然驰骋自由,但最终会害了自己。

不能控制情绪的人，往往给人一种不成熟或还没长大的印象。你仔细想想，只有小孩子才会说哭就哭，说笑就笑，说生气就生气，这种行为发生在小孩身上，大人会认为这是天真烂漫，但如果发生在一个成年人身上，人们就不免会对这个人的人格发展感到怀疑了，就算不当你是神经病，至少也会认为你还没长大。如果你已经这样好几年了，或是已经过了30岁，那么别人会对你失去信心，因为别人除了认为你“还没长大”之外，也会认为你没有控制自己情绪的能力。这样的人，一遇不顺就哭，一不高兴就生气，怎能做成大事？这已经和你个人能力无关了。

所以，在社会上行走，控制情绪是很重要的一件事。一个高情商的人往往会懂得控制情绪并随时保持平静，这样才会避免不理智的行为。

控制情绪会提高生产效率和自我尊重感。通过理智和周密的理性思维克制具有强迫性的冲动力，可以产生和释放力量。若能提高这种能力，人们应对生活中的问题时，一定会做出更好的表现。他会体验到以下行为的改变：

等待公共汽车时，不再因为好久没来而烦躁不堪，在等待中也可以平静地欣赏音乐。

会议中，让他人表达想法，而不是自己一直在说，强迫别人接受自己的想法。

放松地走下车，面对挡住自己的司机，也要笑一笑。

保持自己的苗条体形。

能满脸笑容地面对烦心事的人，是能控制自己情绪的人。他们要大大强于那些一旦身处逆境便一蹶不振的人。那些能笑对逆境的人向世人表明，他是由能赢得胜利的材料构成的，因为没有哪个凡人能成功地做到这一点。

有一次，卡耐基和办公大楼的管理员发生了一场误会，这场误会导致了他们之间的憎恨。这位管理员为表示对卡耐基的不满，便给他时不时添些小麻烦。一天，管理员知道整栋大楼里只有卡耐基在办公室里时，立刻把全楼的电灯关了。这样的情形发生了好几次，最后，卡耐基忍无可忍，决定“反击”。

某个周末，机会来了。卡耐基在他的办公室里准备一份计划书，忽然电灯熄灭了。卡耐基立刻跳起来，奔向楼下地下室，他知道在那儿可以找到这位管理员。当卡耐基到那儿时，发现管理员正倚在一张椅子上看报纸，还一边吹着口哨，仿佛什么事情都未发生似的。

卡耐基立刻破口大骂，在5分钟之内，他用尽了天下所有的脏字来侮辱管理员。最后，卡耐基实在想不出什么骂人的词句，只好放慢语速。这时候，管理员放下手中的报纸，脸上露出开朗的微笑，并以一种充满自制和镇静的声音说：“呀，你今天有点儿激动，不是吗？”

他的话像一支利箭，一下子刺进了卡耐基的心。

卡耐基羞愧难当：站在自己面前的是一位只能以开关电灯为生的工人，他在这场战斗中打败了自己，而且这场战斗的场合和武器，都是自己挑选的。

卡耐基一言不发，转过身，以最快的速度回到办公室。他再也做不了任何事了。当卡耐基把这件事反省了一遍又一遍后，他立即看出了自己的错误。卡耐基重新回到地下室，对那位管理员说道：“我回来为我的行为道歉，如果你愿意接受的话。”

管理员脸上露出了微笑，说：“凭着上帝的爱心，你用不着向我道歉。除了这四堵墙壁，以及你和我之外，并没有人听见你刚才说的话。我不会把它说出去的，我知道你也不会说出去的，因此，我们不如就把此事忘了吧。”

由此卡耐基一再告诫我们，自制是一种十分难得的能力，它不是枷锁，而是你带在身上的警钟。

那些以为自制就会失去自由的人，对“自由”与“自制”的意义显然还没有深刻地领会。因为自我控制不是要以失去自由的意志为代价，而自控恰恰是为了保证自由在最大限度内的实现。

控制自己的情感是一个人把握自我的最基本要求：在日常生活中，人的情绪发生一定的起伏波动，这确实是一种无法避免的现象。我们每个人可能都曾有过这样的体验：一旦自己情绪特别好的时候，不仅神清气爽，而且工作起劲，周围的一切都充满了阳光与希望，一切似乎都是那么美好；而有时候，人又情绪特别低落，不但心情沮丧，而且意志消沉，你身边的世界仿佛布满了灰暗与失望。

从心理学的角度来讲，情绪是个体受到某种刺激所产生的一种身心激动状态，一旦情绪状态发生，虽然个体能够自我体验，但对其所引起的生理变化与行为反应不易为个体所控制，因此对个体生活极具影响作用。因此，一旦情绪产生，有些人往往一度沉沦于悲哀、痛苦、抑郁、孤独的心境之中而不能自救自拔。这种认为情绪无法控制，只能听之任之的观点会给人的生活带来极大的负面影响。

可见控制情绪对于人们来说是多么的重要，它不仅有益于人们的人际交往，更能提高个人的情商。

第四章　了解自我，解救被绑架的理性

坏情绪,低情商的表现

有人曾说,征服自己的感情和愤怒,就能征服一切。这正说明了人应该完全掌握自己的情绪,而不是成为情绪的奴隶。然而,有很多人都曾陷于愤怒、忧郁、恐惧等消极情绪的陷阱里不能自拔。

经济学教授詹纳斯·科尔耐曾说:“我把人在控制情感上的软弱无力称为奴役。因为一个人为情感所支配,行为便没有自主之权,而受命运的宰割。”所以,做自己感情的奴隶比做暴君的奴仆更为不幸。

1939年,德国军队占领了波兰首都华沙,此时,卡亚和他的女友迪娜正在筹办婚礼,在光天化日之下卡亚被纳粹推上卡车运走,关进了集中营。卡亚陷入了极度的恐惧和悲伤之中。

一同被关押的一位犹太老人对他说:“孩子,你只有活下去,才能与你的未婚妻团聚。记住,要活下去。”卡亚冷静下来,他下定决心,无论日子多么艰难,一定要保持积极的精神和情绪。所有被关在集中营的犹太人,他们每天的食物只有一块面包和一碗汤。许多人在饥饿和严酷刑罚的双重折磨下精神失常,有的甚至被折磨致死。卡亚努力控制和调适着自己的情绪,把恐惧、愤怒、悲观、屈辱等抛之脑后。在这人间炼狱中,卡亚奇迹般地活了下来。他不断地鼓励自己,靠着坚韧的意志力,维持着衰弱的生命。

1945年,盟军攻克了集中营,解救了这些饱经苦难、劫后余生的人。卡亚活着离开了集中营。若干年后,卡亚把他在集中营的经历写成一本书。他在前言中写道:“如果没有那位老者的忠告,如果放任恐惧、悲伤、绝望的情绪在我的心间弥漫,很难想象,我还能活着出来。”

是卡亚自己救了自己,是他用积极乐观的情绪救了自己,他战胜了不良情绪,他主宰了情绪,他不是情绪的奴隶。

人的情绪无非两种:一是愉快的情绪,二是不愉快的情绪。无论是愉快的情绪还是不愉快的情绪，都要把握好它的度。否则，愉快过度了，也会乐极生悲。

至于不愉快过度的悲剧更多。有资料表明，80%的溃疡病患者有情绪压抑的病史，急躁易怒者易患高血压、冠心病，自卑、精神创伤、悲观失望者易患癌症。生气也是一种不良情绪，“气为百病之长”。其实生气还有很多坏处：

会在无意中伤害无辜的人，有谁愿意无缘无故挨你的骂呢？而被骂的人有时也会反击。大家看你常常生气，为了怕无端挨骂，所以会和你保持距离，你和别人的关系在无形中就拉远了。

偶尔生一下气，别人会怕你；常常生气，别人就会不在乎，反而会抱着“你看，又在生气了”的看猴戏的心理，这对你的形象也是不利的。

生气也会影响一个人的理性思维，使之对事情做出错误的判断和决定，而这也是别人对你最不放心的一点。

生气对身体不好，不过别人对这点是不在乎的，气死了是你自己的事。

总之，坏情绪就是低情商的表现，它只会给我们带来坏处，不会带来好处。所以，学会控制情绪是我们成功的要诀。世上有许多事情的确是难以预料的，人与人的相处也难免会有磕磕碰碰。人的一生有如簇簇繁花，既有红火耀眼之时，也有暗淡萧条之日；人与人相处，既可能如亲人一样互敬互爱，也可能如敌人一样发生碰撞摩擦。但是，不管我们面对着怎样的境遇，都要尽量保持自己的风度，既不要自暴自弃，也不可盛气凌人。

控制情绪是成就大事的本领。没有控制，你的强项就会顿时消失。人是一种具有思维和感情的动物，所以每个人都有情绪的波动，这也是人和其他动物的不同之处。有情绪就发泄，而不积压在心里，这也有利于心理卫生。

然而，总有许多人不停地抱怨命运的不公，自己付出了辛劳的汗水，得到的却是失败和痛苦。究其原因，是因为他们不会调节自己的情绪，他们需要情绪锻炼，那么怎么才能摆脱“情绪奴隶”这个称号呢？情绪不是不可以控制的，这需要平日的锻炼。

要学点辩证法，懂得用一分为二、变化发展的眼光看问题，在任何情况下，都不要把事物看"死"。

要陶冶情操，培养广泛的兴趣，如书法、绘画、弈棋、种花、养鸟等，可择其所好，修身养性。

不要经常发脾气，遇事要量力而行；要有自知之明，要相信别人，多为别人着想。还有，要学会倾泻，要欢乐，不妨学学孩子跳几跳，放开嗓子吼几句。

有苦恼也不要闷在肚里，可向亲朋倾诉一番，甚至大哭一场。要广交朋友，消除孤独。多参加些体育锻炼，也是与情绪锻炼相辅相成、一举两得的好方法。

哈佛学者曾说："不要做情绪的奴隶，要做情绪的主人。"想要成为一个高情商者，首先就要学会控制情绪，这样你才可以如鱼得水地处理任何事情。那么从今天开始，让我们每天坚持情绪锻炼，做一个高情商的人。

控制自我是能力的体现

一个成功的人必定是有良好控制能力的人，控制自我不是说不发泄情绪，也不是不发脾气，过度压抑会适得其反。良好的控制自我就是不要凡事都情绪化，任由情绪发展，而是要适度控制，这是一种能力的体现。

20世纪60年代早期的美国，有一位很有才华、曾经做过大学校长的人竞选美国中西部某州的议会议员。此人资历很深，又精明能干、博学多识，非常有希望赢得选举的胜利，而且他的威望也很高。

就在他竞选的过程中，一个很小的谎言散布开来：3年前，在该州首府举行的一次教育大会上，他跟一位年轻的女教师"有那么一点暧昧的行为"。这其实是一个弥天大谎，而这位候选人不能控制自己的情绪，他对此感到非常愤怒，并竭力想要为自己辩解。

就在这个时候，他的妻子对他说："既然这是一个谎言，那为什么还要为自己辩护呢？你越辩护自己，越说明这件事是真的，与其让其他人看笑话，不如我们不把它当回事。"

果然他把这件事当成小事，当有记者问他时，他说："这是一个误会，是一个谎言，时间会证明一切。"虽然只是简短的几句话，但是他赢得了更多人的支持。最后，他竞选成功。

在关键时候，故事的主人公能控制自己的情绪，控制自我，这是一种能力的体现，更是情商高的表现。他没有因为别人的误解而发怒，而是转换角度，从容面对，所以他成功了。

其实，人的情绪表现会受众多因素的影响，例如：他人言语、突发事件、个人成败、环境氛围、天气情况、身体状况等。这些因素可以按照来源分为外部因素（或刺激）和内部因素（看法、认识）。两种因素共同决定了人的情绪表现和行为特征，其中个人的观点、看法和认识等内部因素直接决定人的情绪表现，而个人成败、恶言恶语等外部因素则通过影响情绪内因而间接决定人的情绪表现。

传说中有一个"仇恨袋"，谁越对它施力，它就胀得越大，以至最后堵死我们生存的空间。因此，当我们遇到生气的事情，不必再将怒火重新点燃，实际上这于事无补。

情绪可以成为你干扰对手、打败对手的有效工具；反过来说，情绪也会成为对手攻击你的"暗器"，让你丧失理智，铸成大错。

电影《空中监狱》中有这样一段情节：从海军陆战队受训完毕的卡麦隆来到妻子工作的小酒馆，正当两人沉浸在重逢的喜悦中时，几个小混混不合时宜地出现了，对他漂亮的妻子百般骚扰。卡麦隆在妻子的劝阻下，好不容易按下怒火，离开酒馆准备回家去。没想到在半路上又遇到那帮人，听着他们放肆的下流话语，卡麦隆再也无法忍受了，他不顾妻子的叫喊，愤怒地冲过去与他们搏斗起来。混乱中，一个小混混从衣兜里掏出一把锋利的匕首，卡麦隆不假思索地夺过匕首，一刀捅入对方的胸膛……那人当场死亡了，卡麦隆因为过失杀人，被判了10年徒刑。无论他有多么后悔，也只得挥泪告别刚刚怀孕的妻子，在狱中度过漫长的痛苦时光……

卡麦隆的悲剧难道不是因情绪失控造成的吗？如果他能够控制自己的情绪，不正面与歹徒冲突，悲剧也许就不会造成，制裁歹徒其实不一定要靠拳头和武力，当时，如果卡麦隆能稍微理智一些，向警方求助，事情一定不会演变到这种地步。你应该学着控制自己的情绪，不要轻易被对方干扰，丧失理智。

控制自我是一种重要的能力，也是一种难能可贵的艺术。一个不懂得控制自我的人，只会任由其情绪的发展，使自己犹如一头失控的野兽，一旦不小心闯到熙熙攘攘的人群中，则会伤人伤己。人是群居的动物，不可能总是一个人独处，因此，一旦情绪失控，必将波及他人。控制自我绝对是一种必须具备的能力。

1754年，身为上校的华盛顿率领部下驻防亚历山大市。当时正值弗吉尼亚州议会选举议员，有一个名叫威廉·佩恩的人反对华盛顿所支持的候选人。据说，华盛顿与佩恩就选举问题展开激烈争论，说了一些冒犯佩恩的话。佩恩火冒三丈，一拳将华盛顿打倒在地。当华盛顿的部下跑上来要教训佩恩时，华盛顿急忙阻止他们，并劝说他们返回营地。

第二天一早，华盛顿就托人带给佩恩一张便条，约他到一家小酒馆见面。佩恩料定必有一场决斗，做好准备后赶到酒馆。令他惊讶的是，等候他的不是手枪而是美酒。

华盛顿站起身来，伸出手迎接他。华盛顿说："佩恩先生，昨天确实是我不对，我不可以那样说，不过你已然采取行动挽回了面子。如果你认为到此可以解决的话，请握住我的手，让我们交个朋友。"从此以后，佩恩成为华盛顿的一个狂热崇拜者。

我们在钦佩伟人的同时，也要认识到控制自我的重要。许多伟人之所以能够名垂千古，与他们的从容豁达、宠辱不惊有很大的关系。而芸芸众生也许更多的是任由情绪发泄，没有利用好控制自我的作用。

美国研究应激反应的专家理查德·卡尔森说：“我们的恼怒有80%是自己造成的。”这位加利福尼亚人在讨论会上教人们如何不生气。卡尔森把防止激动的方法归结为这样的话：“请冷静下来！要承认生活是不公正的。任何人都不是完美的，任何事情都不会按计划进行。”应激反应这个词从20世纪50年代起才被医务人员用来说明身体和精神对极端刺激(噪音、时间压力和冲突)的防卫反应。

理查德·卡尔森的一条黄金法则是：“不要让小事情牵着鼻子走。”他说：“要冷静，要理解别人。”他的建议是：表现出感激之情，别人会感觉到高兴，你的自我感觉会更好。学会倾听别人的意见，这样不仅会使你的生活更加有意思，而且别人也会更喜欢你。每天至少对一个人说，你为什么赏识他，不要试图把一切都弄得滴水不漏；不要顽固地坚持自己的权利，这会花费不必要的精力；不要老是纠正别人，常给陌生人一个微笑；不要打断别人的讲话；不要让别人为你的不顺利负责。要接受事情会不成功的事实，天不会因此而塌下来；请忘记事事都必须完美的想法，你自己也不是完美的。这样生活会突然变得轻松得多。

哈佛告诉我们当你抑制不住生气时，你要问自己：一年后生气的理由是否还那么重要？这会使你对许多事情得出正确的看法。控制住自我，你的能力就会彰显出来。

自己招来的忧伤是最大的忧伤

哈佛大学中国政治学教授裴宜理常和他的学生说：“自己招来的忧伤是最大的忧伤。”哈佛企业管理学教授斯蒂芬·布莱德利也说：“智者的坚定不过是把焦虑深藏于心的艺术。”

人遇到困难，往往是成功的先兆，只有不怕困难的人，才可以战胜忧虑和恐惧。当然，消除忧虑的办法是始终存在的，但是人需要靠自己的能力消除恐惧，不能随便听信他人。如保罗·泰利斯博士所言："在每个令人怀疑的深坑里，虽然感到绝望，但我们对真理追求的热情，依旧存在。不要放弃自己而依赖别人，纵使别人能解除你对真理的焦虑。不要因诱惑而导入一个不属于你自己的真理。"

忧虑，是人在面临不利环境和条件时所产生的一种情绪抑制。它是一种沉重的精神压力，使人精神沮丧，身心疲惫。无论是逃避问题还是对问题过分执着，实际上只可能有两种情况。一种是问题并不像我们所想的那么糟，至少没有到无可挽回的地步。只要采取积极正确的态度，问题就会得到解决。这样，我们也就没有什么可忧虑的了。

——减轻忧虑最好的药就是"跟你信任的人谈论你的问题，我们称之为净化作用"。

——今晚上床之前，先安排好明天工作的程序。

——如果你要消除忧虑，就必须放松。

忧虑是一种过度忧愁和伤感的情绪体验。正常人也会有忧虑的时候，但如果是毫无原因的忧虑，或虽有原因，但不能自控，显得心事重重、愁眉苦脸，就属于心理性忧虑了。

忧虑在情绪上表现为强烈而持久的悲伤，觉得心情压抑和苦闷，并伴随着焦虑、烦躁及易激怒等反应。在认识上表现出负面的自我评价，感到自己没有价值，生活没有意义，对未来悲观。还表现在对各种事物缺乏兴趣，依赖性增强，活动水平下降，回避与他人交往，并伴有自卑感，严重者还会产生自杀的想法。

忧虑会使一个人老得更快，摧毁他的容貌，甚至对其健康产生严重威胁。所以说，过度忧虑不可取。凡事退一步想，不要耿耿于怀，忧虑就会减少。

总之，忧虑是有百害而无一利，那么我们需要做的就是大声地说出自己的忧虑，让忧虑的阴霾远离我们。

波士顿医院的心灵理疗：

把心事说出来，这是波士顿医院所安排的课程中最主要的治疗方法。下面是我们在那个课程里所得到的一些概念，其实我们在家里就可以做这些事。

准备一本“供给灵感”的剪贴簿。

你可以贴上自己喜欢的令人鼓舞的诗篇，或是名人名言。往后，如果你感到精神颓丧，也许在本子里就可以找到治疗方法。波士顿医院的很多病人都把这种剪贴簿保存好多年，他们说这等于是替你在精神上“打了一针”。

要对你的邻居感兴趣。

对那些和你在同一条街上共同生活的人，要有一种很友善也很健康的兴趣，这样就没有孤独感了，你对别人感兴趣，那么你会很快与邻居成为朋友，随之而来的就是邻居的热情与关爱，最后，忧虑会不自觉地远离你。

今晚上床之前，先安排好明天工作的程序。

在班上，他们发现很多家庭主妇，因为忙不完的家事而感到疲劳。她们好像永远都做不完自己的工作，老是被时间赶来赶去。为了要治好这种忧虑，他们建议各个家庭主妇，在头一天就把第二天的工作安排好，结果呢？她们能完成很多的工作，却不会感到疲劳。同时还因为有成绩而感到非常骄傲，甚至还有时间休息和打扮。

避免紧张和疲劳的唯一途径就是放松。再没有比紧张和疲劳更容易使你苍老的事了，也不会有别的事物对你的外表更有害了。如果你要消除忧虑，就必须放松。

当一些问题的确是超出了我们的能力所能解决的范围，对这种情况，我们就需要乐观一些，就像杨柳承受风雨一样，我们也要承受无法避免的事实。哲学家威廉·詹姆士说：“要乐于承认事情就是这样的情况，能够接受发生的事实，就是能克服随之而来的任何不幸的第一步。”

每个人都希望自己的生活过得一帆风顺、轻轻松松、简简单单，然而生活中却有许多不如意。例如，追求的失败、奋斗的挫折，情感的伤害等，都让我们的心灵背上了沉重的负荷。面对这样的忧虑，我们要适当地说出来，要想获得平和的心，有一个最重要的方法，那就是注意为自己的心灵留下适当的空白，使自己的内心保持一定的余地。

事实上，刻意地使心灵空白的确能有效地为人们带来心安的感受。在这个过程中你可以将头脑中的忧虑、不安、沉重、憎恶等不良情绪“清空”，取而代之的是愉悦、安定、轻松、满足的心境。

总之，我们不要把忧虑和恐惧隐藏在心中，大声地说出来。许多人感到忧虑与不安时，总是深藏在心里，不肯坦白说出来。其实，这种办法是很愚蠢的。内心有忧虑烦恼，应该尽量坦白地讲出来，这不但可以给自己从心理上找一条出路，而且有助于恢复理智，把不必要的忧虑除去，同时找出消除忧虑、抵抗恐惧的方法。

生活中不如意之事很多，只要你善于把握自我，控制好自己的情绪，说出忧虑，远离忧虑，自然就可以迎接阳光灿烂的每一天。

忙碌起来，让你忘记痛苦

詹姆斯·墨塞尔是哥伦比亚师范学院的教育学教授。他在这方面说得很清楚：“痛苦最能伤害到你的时候，不是在你有所行动的时候，而是在你没有什么事可做的时候。那时候，你的想象力会混乱起来，使你想起各种荒诞无稽的可能，把每一个小错误都加以夸大。在这种时候，你的思想就像两部没有载货的汽车，乱冲乱撞，撞毁一切，甚至自己也会变成碎片。消除痛苦的最好办法，就是要让你自己忙着，去做一些有用的事情。”

要是我们为什么事情担心的话，让我们记住，我们可以把工作当作很好的古老治疗法。曾经在哈佛大学医学院当教授、已故的理查德·凯波特博士，在他那本《人类以此生存》的书里也说过：“身为一个医生，我很高兴看到工作可以治愈很多病人。他们所感染的，是由于过分疑惧、迟疑、踌躇和恐惧等所带来的病症。工作所带给我们的勇气，就像爱默生永垂不朽的自信一样。”

如果我们觉得生活郁闷，做什么事都提不起精神，这时不妨让自己的手头忙起来，用行动驱除忧闷，这样你就会不知不觉地快乐起来。

苏茜是一位50多岁的美国女性，她婚姻幸福，还有两个女儿，她自己开了一家公司，专门为名人制作特许产品。她还是一位艺术家，她梦想开办个人画展——墙上挂满了画，被家人朋友簇拥着，用香槟酒招待来宾。

苏茜在纽约大学读研究生，研究电影制作，并且游泳游得不错，网球也打得不错，还是一位技术不错的摄影师。她滑雪、玩帆船，还做得一手好菜，喜欢招待朋友。她很有学问，风趣诙谐，是一个充满了快乐的人。

苏茜知道怎么寻找乐趣，她始终保持精力充沛的秘密就是主动找事做。如果邻居家的玫瑰花开得特别好看，她就会带着相机从自己家里飞奔出来给这些花拍照，而且会一连用掉几卷胶卷。然后她会为此画一幅粉笔画，去参加园艺展。她在不断奔忙中找到乐趣。如果星期六早上她在农产品的集市上买了十几个绿色鸡蛋，晚餐时她就会找几个邻居到家里的露台上一边吃煎蛋卷，一边看日落。高高兴兴地到处找事做，永远忙个不停——这就是她的秘密。

当我们开始行动起来时，整个世界似乎都会与我们的目标协调一致。我们的心中也会像满帆的船只一样，充满了前进的乐趣。因此，如果你要取得内心的快乐，就要紧随心灵的声音。

1774年，有一个人去参观教友会的疗养院，看见那些精神病人正忙着纺纱织布，使他大为震惊。他认为那些可怜而不幸的人们在被压榨劳力，后来教友会的人才向他解释说，他们发现那些病人唯有在工作的时候病情才能真正有所好转，因为工作能安定神经。

不管是哪个心理治疗医生，他都能告诉你：工作——让你忙着——是精神病最好的治疗剂。

消除痛苦的好办法，就是让自己忙着，去做一些有用的事情。

痛苦最能伤害你的时候，不是在你有行动的时候，而是在一天的工作做完了之后。

要是我们为什么事情担心的话，让我们记住，我们可以把工作当作很好的古老治疗法。

也许世人都知道林肯是一位宽容、有怜悯心的总统，但是他的夫人玛丽是个脾气有点急躁的女性。他们二人由于家庭出身以及受教育的不同，导致性格差距极大。玛丽对林肯的责骂，时常令这个高大而和善的总统陷入深深的忧虑之中。

他在春田镇当律师的时候，为了逃避来自家庭的战争，不得不让自己忙碌起来，这使得他无暇顾及他的婚姻生活，却因自己的投入，律师所的生意越来越好，他的名声也日益响亮。的确，让自己忙起来不失为一种智者的选择，既能忘却忧虑——准确地说是因为无时间去寻思忧虑，又能让自己的工作更出业绩，这是多么难得的一举两得啊！

要是你和我不能一直忙着，如果我们闲坐在那里发愁，我们会产生一大堆达尔文称之为“胡思乱想”的东西，而这些“胡思乱想”就像传说中的妖精，会掏空我们的思想，摧毁我们的行动力和意志力。萧伯纳把这些总结起来说：“让人愁苦的原因就是，有空闲来想想自己到底快不欢乐。”

所以不必去想它，摩拳擦掌地让自己忙起来，你的血液就会加速循环，你的思想就会开始变得敏锐。

名诗人亨利·朗费罗在他年轻的妻子去世之后发现了这个道理。有一天，他太太点了一支蜡烛，来熔一些信封的火漆，结果衣服烧了起来，最后因烧伤而亡。

有一段时间，朗费罗没有办法忘掉这次可怕的经历，几乎发疯。虽然他很悲伤，但还是要既当爸又当妈地照料孩子。他带他们出去散步，给他们讲故事，和他们一同玩游戏，还把他们父子间的亲情永存在《孩子们的时刻》一诗里。

他也翻译了但丁的《神曲》，这些工作加在一起，使他忙得完全忘记了自己，也重新得到了思想的平静。就像泰尼森在最好的朋友阿瑟·哈勒姆死时曾经说的那样："我一定要让自己沉浸在工作里，否则我就会在绝望中苦恼。"

当忙碌的生活带来的不是充实的成就感和满足感时，也许是混乱的疲惫与忧虑。我们在备感痛苦煎熬之时，又在为如何甩掉这个包袱而发愁。如此恶性循环，真是痛苦不堪。我们不妨让自己忙起来，让工作解除我们的痛苦，这样我们会神清气爽许多。

积极的自我暗示，让你更优秀

暗示是一个奇妙的心理学现象，它每天都在不同程度地影响着我们的生活。积极的心理暗示能调动人的巨大潜能，使人变得乐观、自信。从现在开始，不妨每天花上几分钟时间，全身放松，对自己进行积极的自我心理暗示——"我能行""我是最棒的"……时间久了，现实就会朝着那个方向发展。

美国心理学家威廉斯说："无论什么见解、计划、目的，只要以强烈的信念和期待进行多次反复的思考，那它必然会置于潜意识中，成为积极行动的源泉。"

一个人想着成功，就可能成功，想的尽是失败，就会失败。自我暗示对人的心理作用很大，有时甚至会创造出奇迹。

苏联有一位出色的演员名叫N.H.华甫佐夫，平时总是口吃。但是，当他演出时就能克服这个缺陷。他所用的办法就是利用积极的自我暗示，暗示自己在舞台上讲话和做动作的不是他，而是另一个人——剧中的角色，这个人是不口吃的。积极的自我暗示能够在不经意间影响我们的心理和行为，增强我们的自信心，而事情也往往能向暗示的方向演化。

哈佛大学心理学专业的学生吉姆给自己找了一份兼职——照顾独居

的威尔森太太，并帮她做一些家务。吉姆为人热忱，做事认真负责，深得老太太的信赖。

这天晚上，老太太敲响了吉姆的门："吉姆，我的安眠药吃完了，怎么也睡不着觉，不知道你身边有没有？"

吉姆睡眠很好，从来就不吃安眠药，突然他灵机一动，就对老太太说："上星期我朋友从法国回来，刚好送我一盒新出的特效安眠药，我这就找出来。您先回去，我一会给您送过去。"

老太太走后，吉姆找出一粒维生素片，然后送到了威尔森太太的房间，告诉她："这就是那种新出的特效药，您吃了之后一定能睡个好觉。"

老太太高兴地服下了那粒"特效安眠药"。

第二天吃早餐的时候，她对吉姆说："你的安眠药效果好极了，我昨晚吃完很快就睡着了，而且睡得很好，好久都没有这么舒服地睡觉了。那个安眠药你能不能再给我一些？"

吉姆只好继续让老太太服用维生素片，直到服完一整盒。事情过去一年多之后，老太太还时常念叨吉姆给她的"特效安眠药"。

吉姆用一粒维生素片就让老太太进入了梦乡，这其实就是心理暗示的作用，由于老太太平时对吉姆十分信赖，因此丝毫没有怀疑吉姆给她的"特效安眠药"，在强烈的心理暗示的影响下，产生了服用安眠药之后才有的效果。

你自信能够成功，成功的可能性就会大为增加。每当你相信"我能做到"时，自然就会想出"如何去做"的方法，并为之努力。无论是什么，我们都应该在实现目标之前进行积极的自我暗示，这样，我们就更容易成功。

我们的大脑存有两股力量，一股力量使我们觉得自己天生是做伟人的；另一股力量却时时提醒我们："你办不到！"这样一对矛盾的内部力量的斗争，在我们遇到困境与失败时，会变得更加激烈。我们做人最大的敌人是自疑和害怕失败。它们经常扯我们的后腿，不让我们去尝试，或在失败后给我们以打击；它们吸取我们的能量，使得我们只能使用真正能力的一小部分。

心理学家马尔兹说："我们的神经系统是很'蠢'的，你用肉眼看到一件喜悦的事，它会做出喜悦的反应；看到忧愁的事，它会做出忧愁的反应。"研究发现，积极的自我暗示能调动人的巨大潜能，使人变得自信、乐观。

心理学家说：你想要什么状态，就装出你已经有了那个状态。如果你累了，感到疲倦，你就告诉自己你不累，你的精力很充沛，状态很好。情绪也是一样。那么如何进行积极的自我暗示呢？以下是培养积极自我暗示的几种方法：

每天故意用充满希望的语调谈每一件事，谈你的工作、你的健康、你的前途。存心对每件事采取乐观的说法。

想着"我将要成功"而不是会失败。当你建立成功的信念后，你的才智会积极帮你寻找成功的方法。

乐于接受各种创意。要丢弃"不可行""办不到""没有用""那很愚蠢"等思想渣滓。

与自己亲近的人或好朋友谈谈心，请他们帮助你告别过去，让他们在你犯下老毛病时提醒你注意。

不要说"我就是这样"，而要说"我以前曾经是这样"。

不要说"我也没办法"，而要说"只要努力一下，我就可以改变自己"。

不要说"我一直是这样"，而要说"我一定要做出改变"。

不要说"我天生就是这样"，而要说"我曾认为自己生性如此"。

依靠积极的自我肯定，你认定自己是什么样的人，你就会成为什么样的人。自我暗示的力量之所以源源不绝，就是因为那最锐利的武器——你比自己想象的更优秀。

美国历史上的麦克阿瑟将军曾经勉励我们："你有信仰，你就年轻；你若疑虑，你就衰老。你有自信，你就年轻；你若恐惧，你就衰老。你有希望，你就年轻；你若绝望，你就衰老。"

哈佛人非常重视自我暗示的积极作用。在哈佛的课堂上老师反复告诉学生,积极的自我暗示蕴藏着一股神奇的力量,每个人都可以尝试运用自我暗示的方法来改变自己的人生。可见,积极的自我暗示,会让我们更优秀。

施展才华,不要怀疑自己的能力

古今中外有多少名声显赫的成功者,激起许许多多人的羡慕和钦佩。当他们站在人群面前时,可以让人感到他浑身上下都有一种人格魅力,但他们并非始终都是丰功伟绩的幸运儿。如果你翻开他们每个人的经历,几乎都有过坎坷。但他们从未怀疑自己的能力,他们认为自己是最好的。

拳王阿里是美国著名的男子拳击运动员。阿里拳法多变,步伐灵活,出拳快速有力,体力充沛,动作协调。在阿里的职业拳击生涯中,共进行了60场比赛,胜56场。其中37场将对手击倒在地,输的4场中有3场是以点数少而负于对方。阿里之所以取得这么优秀的成绩,得益于他的取胜之道。

阿里小时候,有一次,家人给他买了一辆自行车,他每天都骑车出游,乐此不疲。有一天,他将自行车存放在警察局门口没上锁,不想出来后发现他的新车被人偷走了,气得他直跺脚。沮丧之余,他的警察朋友提出教他拳击,并告诉阿里,每遇到一个对手,你就把他想象成偷车贼。

刚开始的时候阿里很怀疑自己的能力,感觉自己小小的年纪根本无法跟对手相抗,但是那个警察说:"千万不要怀疑自己的能力,你是最出色的。"

此后阿里就是在这样的自我暗示中越战越勇,直至夺得美国乃至世界的拳击冠军,之后,他再也没有怀疑自己的能力,因为他相信自己会做得更好。

阿里有一个习惯,就是在每次比赛前他都会对着镜头喊:"不要怀疑自己的能力,我是最棒的,我是不可战胜的,我是冠军!"

结果，阿里获得了意想不到的效果，几乎打遍天下无敌手。

阿里曾经怀疑自己的能力，但是最后他战胜了自己的自卑感，成为一代拳王。遭遇挫折并不可怕，可怕的是因挫折而产生对自己能力的怀疑。只要精神不倒，敢于放手一搏，就有胜利的希望。

在丹麦童话作家安徒生的笔下，美丽的天鹅原来只是一只“丑小鸭”。当它刚刚破壳而出的时候，生得十分瘦小，那些自以为是的鸭子根本瞧不起它。但它默默地、日复一日地坚持训练自己，最后终于在一个早晨振翼飞向蓝天。人们看到，一只天鹅掠过长空，洁白的羽毛，端庄的体态……

丑小鸭是很丑，但最终成为天鹅，即使别人再怎么笑它，它从不怀疑自己的能力，同时，它也坚信自己终有一天能翱翔蓝天。

那么让我们来看看拿破仑的手下是怎么证明自己的能力的吧！

马林果战役的前夕，拿破仑坐在营帐里，凝视着面前摊开的一张意大利地图。自从开战以来，法军受到敌军强有力的抵抗，拿破仑精心筹措的胜利眼看要成为泡影。

正在法军败退之际，拿破仑手下的将领德撒带着大队骑兵驰过田野，停在拿破仑站着的山坡附近。队伍中有一个小鼓手，他是德撒在巴黎街头收留的流浪儿，在埃及和奥国战役中一直在法军中作战。

当军队站住时，拿破仑朝小鼓手喊道：“击退兵鼓。”这个孩子却没有动。

“小流浪汉，击退兵鼓！”孩子拿着鼓枪向前走了几步，朗声说道：“啊，大人，我不知道怎么击退兵鼓，德撒从来没有教过我。但是我会击进军鼓，是的，我可以敲进军鼓，敲得让死人都排起队来。我在金字塔敲过它，在泰泊河敲过它，在罗地桥又敲过它。啊，大人，在这里我可以也敲进军鼓么？”

不一会儿，队伍随着德撒的剑光，跟着小鼓手猛烈的鼓声，向奥地利军队横扫而去，他们不惜流血牺牲，把敌人打得一退再退。德撒在敌人的第一排子弹中就倒下了，但是队伍并没有动摇。当炮火消散时，人们看到那小流浪儿走在队伍最前面，笔直地前进，仍旧敲着激昂的进军鼓。他越过死人和伤员，越过营垒和战壕。他的脚步从容不迫，鼓声激昂有力，他以自己勇敢无畏的精神开辟了胜利的道路。

小鼓手曾经有一刹那怀疑自己的能力，因为德撒没有教过他击退兵鼓，但是就在那个战场上，小鼓手找到了自己的闪光点，找到了自己的能力，他可以的，是的，他确信他可以，所以他成为这场战役最大的英雄。

任何人都能确立自己的目标，也能让梦想变成现实，但首先不要怀疑自己的能力，并相信自己能够实现这一梦想。任何人在失败和挫折中，都可以自己看不上自己，自己和自己赌气，摔东西、骂人、捶打脑袋、无休止地长吁短叹……但你有没有想过，这并没有解脱你的失败，减少挫折，反而会让你更加迷茫。

你现在所面对的种种状况都是你自己昨天选择出来的。当然如果你不满意，且有能力改变，你也有义务、有责任去改变。但是你必须相信自己的能力。一个不明白自己能力的人永远找不到自己失败的原因。

德塞纳维尔是别人眼里干什么都不行的庸才。但是，他总觉得自己有与众不同的地方。有一天，他脑子里冒出一段曲调，他便将它大声哼出来，并用录音机录了下来，请人写成乐谱，名为《阿德丽娜叙事曲》。

阿德丽娜正是他的大女儿。曲子谱好后，就在罗曼维尔市找了一个游艺场的钢琴演奏员为之录音。这个演奏员穷酸得很，德塞纳维尔给他取了个艺名，叫理查德·克莱德曼，没想到这一演奏在音乐界引起了轰动，唱片一下子卖了2600万张，德塞纳维尔轻而易举地发了财。

他说："我不会玩任何乐器，也不识乐谱，更不懂和声。不过我喜欢瞎哼哼，哼些简单的、大众爱听的调儿。"

德塞纳维尔是平庸的，但是他却创造了奇迹，这是因为他没有怀疑自己的能力。是的，一个老是怀疑自己能力的人只能忍受失败的煎熬。为自己长得不好看而发愁的人只会越来越丑。如果和美女去比，你的五官永远是有缺陷的。但每个人都以自己独立的个体而存在，我们只能以自己的方式去唱歌。我们有我们的特长，我们有睿智的头脑、善解人意的情怀，发挥自己的长处，施展自己的才华，也许我们就会被看成是智慧的象征。

一切遵循本性

现实中都要遵循自己的本性。但人们往往在一些小事情上，无法觉察一个人的本性，常常因为困惑而产生坏情绪，同样对于某一个犯了错的人，我们常说“他本性还是好的”，本性好，为什么会犯下大错呢?

其实人的性格原本就是多重性的，有阳光面，也有阴暗面。正常情况下，理智往往起决定性作用，把恶的、坏的情绪都隐藏起来。这就是高情商的表现。

不论以前我们跟谁学的，不管我们学了多少流派、多少风格，不管所学的知识、技术多好，都要遵循本性。当然遵循本性也要对自己有一个准确的认知，我们要不停地问自己的内心，我是个什么样的人，将来要做什么事，天赋予我的使命是什么等，干我们能干的活，做我们能做的事，一切遵循本性。

三伏天里，禅院的草地已经是一片枯黄。

“快撒点草籽吧！这好难看啊。”小和尚急急忙忙地说。

“不急，不急，我们要等天凉了。”师父挥挥手，“随时！”

中秋的时候，师父买了一包草籽，叫小和尚播种。秋风起，草籽边撒边飘。

“不好了！这么大的风，好多种子都被风吹飞了，我们白费力气了。”小和尚着急地喊道。

“不急，不急，没关系的，吹走的多半是空的，即使撒下去也发不了芽，它们是没有利用价值的。”师父说，“随性！”种子撒完，就飞来几只小鸟啄食。

“要命了！本来有些种子已经被风吹走了，剩下的种子本来就不多，现在都被鸟儿吃了！”小和尚急得直跳脚。

“不急，不急，没关系！我们买的种子多，这几只小鸟是吃不完的！”师父说，“随遇！”

就在当晚，半夜下了一阵骤雨，小和尚一大早就冲进禅房：“师父！不好了！不好了！这下全完了！昨天种的种子已经很少了，昨晚又下了一场大雨，好多草籽被雨水冲走了！这下子我们可真是白费功夫了！”

“不急，不急，种子冲到哪里，就在哪里发芽啊！这也是达成了我们播种的目的了。”师父说，“随缘！”

小和尚很是不解。就这样，一个星期过去了，原来光秃秃的地面，居然长出了许多嫩绿的草苗。一些原来没播种的角落，也泛出了绿意。

小和尚高兴地拍起手来。师父点点头：“随喜！”

每个人都有自己特殊的生存本性，既然要做到顺其自然，就不要重视别人是怎样看你的，而是直接前进，遵从你自己的本性，判断每一符合自己本性的言行，不要环顾左右看是否有什么人将注意它，也不要期望柏拉图的理想国。

人类的生活环境是社会性质的，社会中的人是相互服务的，一个游离于社会的人生存是困难的，社会化越是发达，越是如此。所以人是依赖于社会的。

本性，我们也常常称为天性。就是我们从出生就具有的一种倾向。比如自保、饿了就要吃东西、喜欢美好的事物，等等。

有人说：“我不喜欢学习，所以学习不符合人的本性。”其实这样的想法是错误的，人的本性中，好奇心和求知欲也是与生俱来的。人类能从茹毛饮血走到今天这样的文明社会，完全就是在这种本性下行动的结果。当你看到一个未知的事物时，你肯定想知道它究竟是什么，可以用来做什么。谁能否认自己在接触到新鲜事物时感到的兴奋和不安呢？那就是人的本性。

从前，池塘里住着一只青蛙，这只青蛙与池塘边的蝎子为邻。有一天，蝎子想过池塘，但不会游泳。于是，它爬到青蛙面前央求道：

“劳驾，青蛙先生，你能驮着我过池塘吗？”

“我当然能。”青蛙回答，“但在目前情况下，我必须拒绝，因为你可能在我游泳时蜇我。”“可我为什么要这样做呢？”蝎子反问。

“蜇你对我毫无好处，因为你死了我就会沉没，我不会这么做的。”

青蛙虽然知道蝎子是多么狠毒，但又觉得它说的也有道理。青蛙的心一软，就同意了。蝎子爬到青蛙背上，它俩开始横渡池塘。就在它们游到池塘中央时，蝎子突然弯起尾巴蜇了青蛙一下。

伤势严重的青蛙大喊道：“你为什么要蜇我呢？蜇我对你可是毫无好处啊，因为我死了你也会被淹死。”“我知道，”蝎子一面下沉一面说，“但我是蝎子，我必须蜇你，这是我的本性。”

美国的心理学家亚历山大在其论文《智力：具体与抽象》中首先将人格因素定义为非智力因素，这些非智力因素主要包括意识倾向性、气质和性格。人格具有持久性的特征，这就是本性。

因为人的动物本性，同时在社会的环境下受到复杂的道义规则的制约，必然使人的行为面临更多的取舍，而这种取舍判定的核心准则仍然是价值取向下的利益诉求，即人的行为是以自己判断、自己执行并指向自己的价值取向为准进行利益判断的结果。但无论怎样，都不要违背自己的本性，因为遵循本性才是遵循大自然的循环，我们如此，社会也如此。

宇宙中的所有事物都是不断流逝的宇宙中的一个部分，都有自己相应的岗位，都意味着某种责任。当每个生物包括人类自己都谨守自己的本分时，这个世界才是真正的和谐。

设想一下，如果蜜蜂一面采蜜一面传播疾病，狗一面看家护院一面攻击主人，那种情景是让人难以想象的，宇宙间不仅充满了让人烦躁的喧嚣和吵闹，而且所有的事情都无法有序地进行。

这不仅是一种不守本分的行为，而且违背人的本性，背弃了自身生存的目的和意义。同时，也会给他人造成痛苦和不便，给与他人的合作带来麻烦，从而破坏整个社会生活的系统链条。

塞缪尔·斯迈尔斯说，如同粗糙的果皮可以包裹最甜蜜的水果一样，丑陋的外表往往掩盖着善良和诚挚的本性。每个人都有自己的角色和使命，我们应当做的就是认清自己的使命，扮演好自己的角色，活出自己生命的本性，这样，我们才会生活得幸福和快乐！

利用周围的人来认识自己

在成年人的世界中，流传着这样一个不成文的定律：你周围6个人的价值的平均水平，就是你的价值。这个规则说明的是，身边的朋友对我们而言，就是衡量自身价值的一个重要指标——你周围的朋友优秀，可想而知你也是不错的，你周围的朋友毫无理想和追求，那你可能在放纵自己。

这个纷繁复杂的社会，因形形色色的人们结成各式各样的关系而精彩纷呈。社会是由人与人构成的，人的个体禀赋不同，所结成的社会关系也不同。自从产生了阶级，各种社会关系就以集体、群体的形式而体现出来。然而这些不同会让人常常对自己没有一个很好的了解，其实利用周围的人来认识自己是再好不过了，俗话说：物以类聚，人以群分。

谁都不是单独生活在社会中的个体。在生活中，我们难免会形成这样或者那样的关系，比如师生关系、父子关系、朋友关系、同事关系，这些关系的背后，就是在说明我们的人生是和怎样的人度过的。亲人父母不能选择，但我们的朋友却都是我们自己选择的。选择朋友的眼光，就是你自己的人生标准，久而久之，你周围的人就是跟你志同道合的人，那么，想认识自己，就看看你周围是什么样的。

利用别人的优点来强化自己。

有一个美国女人叫凯丽，她出生于贫穷的波兰难民家庭，在贫民区长大。她只上过6年学，也就是只有小学文化程度。她从小就干杂工，命运十分坎坷。

但是，她13岁时，看了《全美名人传记大成》后突发奇想，要直接和许多名人交往。她的主要办法就是写信，每写一封信都要提出一两个让收信人感兴趣的具体问题。许多名人纷纷给她回信。此外，还有另外一个方法，凡是有名人到她所在的城市来参加活动，她总要想办法与她所仰慕的名人见上一面，只说两三句话，不给人家更多的打扰。

就这样，她认识了社会各界的许多名人。成年后，她经营自己的生意，因为认识很多名流，他们的光顾让她的店人气很旺。最后，她不仅成为了富翁，还成了名人。

每个人身上都有优点，如果你能将身边的每一个人的优势利用在你的身上，那么你的力量将是无穷的。可是，生活中很多人并没有认识到这一点，他们紧紧地锁住自己，为的是能够全神贯注地拼搏。可是，他们不知道，当他们集中了精神只守着自己的那一小块田地的时候，就已经失去了由人脉构建起来的更为广阔的沃土。

俗话说得好：物以类聚，人以群分。同类的物品常归纳在一起，而人按照品行、爱好形成群体。现代生活中，每个人都有自己的生活圈子，在这圈子中都是志同道合的好朋友。无论你是哪一类，都验证了人以群分的不变规律。比如你喜欢逛街，那么一定会有几个和你一样的朋友；你喜欢读书，你一定有一些书友。

我们最常见的现象是，有一些本不相识的人会自然地聚拢在一起，但是有些人却始终游离于他们之外，想加入也难以如愿。有人认为是气味导致的，即“臭味相投”，的确有些生物就是如此。也有些人认为是“八字相合”，命中注定。其实是因为他们不是一类人，没有共同的话题，他们就很难找到相同点，那么在他们身上就很难找到自己的影子，如果交到坏友，更有可能使自己迷失。

从这里我们可以得出初步的结论：从一个人的朋友那里可以了解一个人的个性，从一个人的对手那里可以了解一个人的底牌。如果放开延展这个结论，也许我们可以从一个男人或女人的追求者是什么层次的人，便可以在短时间初步判断出一个人的层次。

个人大部分的成就总是蒙他人之赐、借他人之力，保持周围人的高水平，就是保持自己的高水平。

而朋友，就是我们最需要借鉴和依靠的“他人”。“利用”并不是完全丑恶的，它来源于人们在现实生活中各取所需的关系。有些人不能正确地认识自己，不是因为自己没有能力，而是他们常常走入一个误区，那就是他们常常给自己消极的暗示，我这样行吗？我能完成这项任务吗？但如果你利用周围的人来认识或提升自己，你就会从中认识不一样的自己，从而走出那个误区，说不定还有意想不到的收获。

哈佛学者告诉我们：一个人想要更好地认识自己，就要利用周围的人。

第五章　管理自我，培养有益生活的情商

有了勇气，才有胜利的可能

勇气是产生于人的意识深处的对自我力量的确信，是对自我能力能压倒一切的信念，是相信自己可以面对一切紧急状况，处理一切障碍，并能控制任何局面的信心，是穿越重重险阻，历经磨难走向成功的意志。勇气，是一种阳光般的力量，源自于自我潜意识深处的积极暗示。

森林中所有的小动物，一直都快乐地生活着。这片广阔的森林，从来没有发生过什么大的事故。

一日，天神心血来潮，想要测试森林中动物对于危机的应变能力，便从空中挥下了一道闪电，刺眼的电光击中森林中最大的一株树木，惊慌的动物们拼命向森林的外缘奔逃。但它们却不知道，当闪电击中那棵大树，大火燃起的同时，在森林四周，早已被大火引来了无数贪婪的肉食猛兽，它们正张开大口、流着馋涎，等候这些小动物们自己送上门来。

在这片森林的所有动物当中，只有一只小松鼠和其他的动物不同。它没有选择逃难，而是奋不顾身地向着大火冲了过去。小松鼠在森林中一个即将被烈火烤干的水塘中，将自己瘦小的身子完全沾湿，然后再冲进火场，拼命抖洒着身上沾的水珠，希望能缓解正在毁灭森林的火势。

这时，天神化身成为一位老人，站在小松鼠的身前，问道："孩子，你难道不知道你这样的做法根本没有用吗？"小松鼠说道："也许我的力量不足以灭火，但我相信凭着我的努力，至少可以减少森林中几只小动物的丧生。"

只听得老者一声大笑，小松鼠的周遭突然变得清凉无比，大火在一瞬间消失无踪。

温斯顿·丘吉尔说："一个人绝对不可在遇到危险的威胁时，背过身去试图逃避。若这样做，只会使危险加倍。但是如果立刻面对它毫不退缩，危险便会减半。绝不要逃避任何事物，绝不！"

巴顿说过："要无畏、无畏、无畏。记住，从现在起直至胜利或牺牲，我们要永远无畏。"要获得成功少不了胆量，也少不了勇气。一个永不丧失勇气的人是永远不会被打败的，因为他坚信乌云过后就是阳光。

在现实生活中，许多事情都需要勇气做支撑。放弃需要勇气，拒绝需要勇气，尝试需要勇气，冒险需要勇气，甚至连说话都需要勇气。一个人如果缺乏勇气，就失去了承担责任的基础，就只能在他人的庇护之下生存，无法面对人生的任何压力和挑战。

所以当生活遭遇困境时，我们不必寻找借口和理由来逃避，只需拥有一点点勇气，我们的世界就会变得不一样。对此，哈佛心理学教授乔治·桑比那说："勇敢的精神，是一个人最不可缺失的元素。因为人类哪怕每一个微小的进步，都需要勇气作为先导。"

听说英国皇家学院公开张榜为大名鼎鼎的教授戴维选拔科研助手，年轻的装订工人法拉第激动不已。但在选拔考试的前一天，法拉第被意外通知，取消了他的考试资格，因为他是一个普通工人。

法拉第气愤地赶到选拔委员会。但委员们傲慢地嘲笑说："除非你能得到戴维教授的同意。"法拉第顾虑重重，但为了自己的人生梦想，他还是鼓足了勇气站到了戴维教授家的大门口。教授家的门扉紧闭着，法拉第在教授家门前徘徊了很久，终于"笃笃笃笃"敲响了教授家的大门。一位面色红润、须发皆白、精神矍铄的老者注视着法拉第："门没有闩，请你进来。"

"教授家的大门整天都不闩吗？"法拉第疑惑地问。

"当你把别人闩在门外的时候，也就把自己闩在了屋里。我才不当这样的傻瓜呢。"他就是戴维教授。他将法拉第带到屋里坐下，聆听了这个年轻人的叙说和要求后，写了一张纸条递给法拉第："年轻人，你带着这张纸条去，告诉委员会的那帮人说戴维老头同意了。"

最后，法拉第走进了英国皇家学院那高贵而华美的大门。

勇气是成功的敲门砖，成功之门都是虚掩的，它总是留给那些有勇气去强大自己的人。我们知道，不恐惧不等于有勇气，勇气是，你尽管害怕，尽管痛苦，但还是继续向前走。

心理学家斯科特·派克也说："在这个世界上，只要你真实地付出，就会发现许多门都是虚掩的，微小的勇气，能够完成无限的成就。"斯科特同时说："如果你幸运地与生俱来就有勇气这种品性，那么很值得恭贺。如果你还没有养成这种性格，那么尽快培养吧，人的生命很需要它。"勇气，是一个人成功的必备素质，同时是注入我们生命的"活水之源"。

一位父亲很为他的儿子苦恼，儿子都已经十五六岁了，一点男子汉气概都没有。他去拜访一位老者，请求这位老者帮他训练他的小孩。

老者说："你把小孩留在我这里5个月，在这5个月里不允许你来看他。5个月后，我一定可以把你的小孩训练成一个真正的男人。"

5个月后，小孩的父亲来接小孩。老者安排了一场武术比赛来向父亲展示这5个月的训练成果，与小孩对打的是教练。教练一出手，这小孩便应声倒地。但是小孩刚倒地，便立刻又站起来接受挑战，倒下去又站起来……如此来来回回总共20次。

老者问父亲："你觉得你小孩的表现够不够男子气概？""我简直羞愧死了，想不到我送他来这里受训5个月，被人一打就倒。"父亲回答。老者说："我很遗憾你只看到表面的胜负，你没有看到你的儿子那种倒下去立刻站起来的勇气及毅力，那才是真正的男子汉气概！"

勇气是一种敢于面对现实、不怕困难、勇于进取、积极争取胜利的优秀品质。勇气是一种战胜恐惧的有力武器，是克服害怕失败、害怕丢脸等恐惧心理最有力的武器。勇气还可以教人在遇到挫折时，不要畏惧，不要回避，勇敢去面对，去接受一切挑战，战胜困难，赢得成功。勇气是一种神奇的东西，我们用得越多，收获也越多。只要我们勇敢地去行动、去尝试，要么收获成功，要么收获经验，更重要的是，我们会收获可贵的信心。

勇气是高情商者必备的素质。只有那些自信、做事不退缩、勇敢而富有冒险精神的人，才能成就伟大的事业。在如今生存竞争激烈的社会里，那些做事三心二意、缺乏勇气、毫无决断力的年轻人到处都不受欢迎。

大凡向往成功的年轻人，不但要做到意志坚定，还要迅速把握机会，鼓起勇气，立即行动。那些不相信自己、不敢把握机会的人，永无出头之日。如果一个青年人生性胆怯、缺乏自信、遇事总犹豫不决、故步自封、没有判断力、毫无冒险精神，那他的一生一定会在死气沉沉、毫无希望可言的日子里度过。

哈佛教授告诉学生：有了勇气，才有力量，才有胜利的可能。勇气来源于哪里？来源于人的内心力量。有了勇气，随之而来的是证明勇气的智慧。拥有勇气的人是无法战胜的，因为无论何时他们总是充满希望，并以坚韧不拔的意志一路披荆斩棘前行，直至到达目的地。

感恩是一种生活态度

感恩源于一颗懂得珍惜的心灵，更是一种被放大的爱。因为拥有感恩之心的人会主动回馈命运的恩赐，它会辐射向四周散发，惠及到身边每一个需要帮助的人。最初，这种感恩之心可能只是一种内在的精神修炼，但是时间长了，便会成为一种惠及他人的广阔胸怀。

懂得感恩命运的人，不会只把感恩之心停留在精神层面，他们会通过各种方式的行为来回馈自然的恩赐，即使只是对卑微生命的悲悯，却也承载着他们的一番心意。

“我的手还能活动；我的大脑还能思维；我有终生追求的理想；我有爱我和我爱着的亲人与朋友；对了，我还有一颗感恩的心……”

谁能想到这段豁达而美妙的文字，竟出自一位在轮椅上生活了30余年的高位瘫痪的残疾人——世界科学巨匠霍金。

命运之神对霍金在常人看来是苛刻得不能再苛刻了：他口不能说，腿不能站，身不能动。可他仍感到自己很富有：一根能活动的手指，一个能思考的大脑……这些都让他感到满足，并对生活充满了感恩之心。因此，他的人生是充实而快乐的。

与霍金相比，我们有的人什么也不缺，要手有手，要脚有脚，要金钱有金钱，可生活给了他一点磨难，他就开始怨天尤人了。这样的人没有感恩之心，快乐也就与他失之交臂。

感受和感激他人恩惠的能力，是个人维护自己内心的安宁感、提高自己的幸福充裕感必不可少的心理能力。“滴水之恩，当涌泉相报”的原意就是告诉人们要知道回报。在一个文明的社会，知道感谢，怀有一颗感恩之心是很必要的，可促进社会各成员、群体、阶层、集团之间的关系融洽、协调，促进人与人之间互相尊重、信任、帮助。

在一个小镇上，饥荒让所有贫困的家庭都面临着危机。小镇上最富有的人要数面包师卡尔了，他是个好心人。为了帮助人们度过饥荒，他把小镇上最穷的20个孩子叫来，对他们说：“你们每一个人都可以从篮子里拿一块面包。以后你们每天都在这个时候来，我会一直为你们提供面包，直到你们平安地度过饥荒。”

那些饥饿的孩子争先恐后地去抢篮子里的面包，有的为了能得到一块大点的面包甚至大打出手。面包师注意到一个叫格雷奇的小女孩儿，每次都在别人抢完以后，她才到篮子里去拿最后的一小块面包，她总会记得亲吻面包师的手，感谢他为自己提供食物，然后拿着它回家。面包师想：“她一定是回家和自己的家人一起分享那一小块面包，多么懂事的孩子呀！”

第二天，格雷奇拿着面包到家后，当她妈妈把面包掰开的时候，一个金币从面包里掉了出来。妈妈惊呆了，对格雷奇说：“这肯定是面包师不小心掉进来的，赶快把它送回去吧。”小女孩儿拿着金币来到了面包师家里，对他说：“先生，我想您一定是不小心把金币掉进了面包里。”面包师微笑着说：“我是故意把这块金币放进最小的面包里的，你是一个懂得感恩的女孩，这块金币算是对你的奖赏。”

故事告诉我们，要想拥有幸福的生活，就要怀有一颗感恩的心。有一颗感恩的心，才更懂得尊重，尊重生命、尊重劳动、尊重创造。有一颗感恩的心，会让我们的社会多一些宽容与理解，少一些指责与推诿，多一些和谐与温暖，少一些争吵与冷漠，多一些真诚与团结，少一些欺瞒与涣散……

其实，世间的事就是变化无穷，如果你改变不了世界，那就改变你自己吧，换一种眼光去看世界，你会发现所有的折磨其实都是促进你生命成长的“清新氧气”。

怀着感激去生活，我们便拥有了一份理智、一份平和、一份进取，才不会浮躁、不会抱怨、不会悲观，更不会放弃。人们常说，保持微笑可以延缓衰老，使我们更显年轻，而常怀感激则会使我们的心永远充满希望，生机盎然。

巴西是一个足球王国，大人小孩都喜欢踢足球。在里约热内卢的一个贫民窟里，有这样一个男孩，他非常喜欢足球，可是又买不起，于是就踢塑料盒，踢汽水瓶。

碰巧有一天，当他在一个干涸的小池塘里猛踢一只猪膀胱时，被一位足球教练看见了，他发现这男孩子踢得很是那么回事，于是就送给他一只足球。小男孩得到足球后踢得更卖劲了，不久，他就能准确地把球踢进远处随意摆放的一只水桶里。

这时，圣诞节快到了，男孩的妈妈说：“我们没有钱买圣诞礼物送给我们的恩人，就让我们为他祈祷吧。”小男孩跟妈妈祷告完毕，向妈妈要了一只铲子跑了出去，他来到一处别墅前的花圃里，开始挖坑。

男孩正在吃力地挖坑的时候，从别墅里走出来一个人，他问小孩在干什么。小男孩抬起满是汗珠的脸蛋，说：“教练，圣诞节到了，我没有礼物送给您，我愿给您的圣诞树挖一个树坑。”

过了3年后，这位17岁的小男孩在1958年世界杯上率领巴西队第一次捧回金杯。一个原来不为世人所知的名字——贝利，随之传遍世界。小贝利用自己的实际行动，表达了对教练的爱心和感激，他因此也得到教练的喜爱和培养，最终成为世界球王。

哈佛学者告诉我们，没有没意义的生活，只有不懂感谢的人。生活中有许多人值得我们去感谢：朋友、家人、老师。

感恩之心会给我们带来无尽的快乐。为生活中的每一份拥有而感恩，能让我们知足常乐。感恩是把所有的拥有看作是一种荣幸、一种鼓励，在深深感激之中产生回报的积极行动，与他人分享自己的拥有。感恩之心使人警醒并积极行动，更加热爱生活，创造力更加活跃；感恩之心使人向世界敞开胸怀，投身到仁爱行动之中。没有感恩之心的人，永远不会懂得爱，也永远不会得到别人的爱。

拥有感恩之心的人，即使仰望夜空，也会有一种感动，体会到快乐，正如康德所说："在晴朗之夜，仰望天空，就会获得一种快乐，这种快乐只有高尚的心灵才能体会出来。"

而一个不知道感恩的人，只会向别人索取，而不能给予社会什么，只能是一个自私自利的人，更严重的是，他们的生活会因此更觉得缺少快乐，体验不到相互给予的快乐和由自身为他人制造的快乐延伸而至的一种快乐。他们将无法融入社会大家庭，甚至，他们的生存将会受到威胁，以致产生极端心理，做出危害社会的行为。

懂得感恩并怀有一颗感恩的心，便如那聚焦镜，把周围的人的关爱收集到自己的心里，在阳光下，享受着阳光带来的温暖。而在没有阳光的时候，会用蕴藏在心中的暖意给自己取暖，等待着阳光的再次到来。身处一样的红尘，懂得感恩的人却拥有更多的温暖和幸福。

如果你有一颗感恩的心，你会对你所遇到的一切都抱着感恩的态度，这样的态度会使你消除怨气。早上起来的时候，你看到窗外的阳光，你会感恩；吃一块面包，你会感恩；接到朋友的电话，你会感恩；在树上看到一只鸟在唱歌，你会感恩；看到猫咪睡在你的床头，你会感恩。然后你的一天乃至你的一生，就在这感恩的心情中度过，那你还有什么不幸福的呢？

真正的人格魅力是真诚

哈佛告诉学生：真正的人格魅力是真诚的自我表露。当你把自己真实的一面真诚地展现给别人时，你就赢得了信任。

真诚是一种自发、自愿的行为，真诚的心是透明的，没有杂质，它告诉身边的人：我没有撒谎，也没有伪装，我所说的和做的都是自然情感的流露。真诚的人被别人误解了，也会伤心难过，但是至少对自己的心负了责任，无愧于自己。

一位年老的国王膝下无子，便决定从全国所有的孩子中选择一个继承他的王位。他把臣民们召集在一起，当众给每个孩子一包花种，承诺说，谁能种出最美丽的花朵，就把王位给谁。

每个孩子都小心翼翼地侍弄着属于自己的那包花种。一个黑瘦的小男孩也是，但是他要帮家里干活，只是在每天早上和晚上的时候去看看花盆。三个月的时间很快就到了，他的花盆里却什么都没有长出来，他很伤心。

他妈妈说："既然国王作出了这个承诺，就算不能够赢得王位，你也应该去给个答复。"

小男孩点点头，抱着空空的花盆到了王宫。那里花团锦簇，其他孩子们手中的花一盆比一盆娇艳。小男孩更羞愧了。

这时，国王走出来了，看着这么多花，似乎心情也很好。他走到愁眉苦脸的小男孩身边，问："我的孩子，你怎么了？"

小男孩低着头说："我已经很努力地照顾它了，可还是什么都没有。我来，只是想给您一个交代。"

老国王满意地点点头，然后当众宣布说，他的王位将由这个小男孩继承。因为那些花种都是煮过的，根本不可能开出花来。

用真诚的心对待别人，你才无愧于别人，也无愧于自己。真诚的人，不会弄虚作假，所以他们可以敞开心扉，不怕别人置疑。

但是，也有些人习惯阿谀奉承、逢场作戏，每次面对他人都要戴上面具，日子久了，面具就成了他们的一部分。有一天，当他们想真诚地对待某个人时，自己都不相信。这样的人，不是活得太可悲了吗？

哈佛刚毕业的女大学生乔瑟琳到一家公司应聘财务会计工作，面试时即遭到拒绝，因为她太年轻，但是她却说："请再给我一次机会，让我参加完笔试。"主考官看她很真诚，答应了她的请求。结果，她通过了笔试，由人事经理亲自复试。

通过交谈，人事经理知道她没有工作经验，便直接说："今天就到这里，如有消息我会打电话通知你。"乔瑟琳从座位上站起来，向人事经理点点头，从口袋里掏出一美元用双手递给人事经理，说道："不管是否录取，请都给我打个电话。"

人事经理问："你怎么知道我不给没有录用的人打电话？""您刚才说有消息就打，那言下之意就是没录取就不打了。"

人事经理对年轻的乔瑟琳产生了浓厚的兴趣，问："如果你没被录用，我打电话，你想知道些什么呢？""请告诉我，在什么地方不能达到你们的要求，我在哪方面不够好，我好改进。""那一美元……"

没等人事经理说完，乔瑟琳微笑着解释道："给没有被录用的人打电话不属于公司的正常开支，所以由我付电话费，请您一定打。"人事经理马上微笑着说："我现在就正式通知你，你被录用了。"

乔瑟琳被录用一方面因为她的聪明，但另一方面是因为她的真诚，她真诚地对待这份工作，真诚地对待面试她的人。而恰恰是这份真诚，才打动了考官与人事经理。

真诚，是为人的根本。那些取得巨大成功的、高情商的人都有许多共同的特点，其中之一就是为人真诚。道理其实很简单，因为如果你是一个真诚的人，人们就会了解你、相信你，不论在什么情况下，人们都知道你不会掩饰、不会推托，都知道你说的是实话，都乐于同你接近，因此也就容易获得好人缘。

以诚待人，能够在人与人之间架起一座信任之桥，能通往对方心灵彼岸，从而消除猜疑、戒备心理，彼此成为知心朋友。

想成为一个高情商的、真正管理好自我的人，真诚是最基本的心态。我们可以从生活中的小细节来体现真诚。

坦率回答问题。不想暴露自己的弱点，以免降低自己在对方心目中的形象是人之常情。因此有不少人在人前绝不肯承认自己对某个问题不知道，反而装出一副很了解的样子。实际上，对于自己不知道的事情，坦率地说不知道，可以强烈地给人以正直、诚实的印象。

失误后不辩解。有了失误千万不要为自己辩解，而应诚恳地道歉，然后提出弥补过错的方法。即使无法挽回的事情，也要表示尽量减少损失。这样可以表现你强烈的责任感和诚意，令人刮目相看。

遵守诺言。不遵守诺言往往使人感到你不诚实。如果你许下了诺言，或者像开玩笑似的做过承诺，对方并不抱有希望，而你一旦忠实地做到了，必定使对方感到意外，也可以使你的诚实更加突出、醒目。

做陷入逆境者的忠实听众。人们在陷入逆境、心中烦闷、焦躁不安的时候，往往借说话来调节心情。此时，你千万不要去劝说、安慰他，搞不好会使他更加烦闷，陷入恶性循环之中，要做一个忠实的听众，真诚的倾听者，这样不同程度上会减少对方的痛苦。

独立完成人生的乐谱

哈佛大学欣赏的是敢想能做、性格与众不同的学生，以及他们由此表现出来的优秀才能。另外，哈佛大学之所以能够作出如此大的贡献，也是因为在人才培养及创新方面有一套比较成熟的、与众不同的方法，其中一点就是培养学子的独立性格。

独立行走，让猿终于成为万物灵长；扔掉手中的拐杖，你才可以走出属于自己的路。人生的轨迹不需要别人定夺，只有自己才能为自己的人生画布着色。去除依赖，独立完成人生的乐谱，相信你定能奏响生命雄壮的乐章。世上有一种人，总是存在极强的依赖心理，习惯依靠拐杖走路，尤其是依靠别人的拐杖走路，最终的结局是他将一无所有。那么我们就需要从小培养独立性格。

美国历史上最年轻的总统西奥多·罗斯福十分注重培养孩子们的独立人格。西奥多·罗斯福有句名言："在儿子面前，我不是总统只是父亲。"他反对孩子们依靠父母过寄生生活，他让孩子们凭自己的本事自食其力。

他的大儿子20岁时去欧洲旅行，一个多月的时间就把带的路费差不多花光了。临行前他遇到了一匹非常好的马，正好它的主人要卖掉它。他太爱这匹马了，于是就把自己最后的一点路费拿出来，买下了这匹马。

没钱了的大儿子这时只好打电报给父亲，希望父亲能寄点路费让他回家。罗斯福很快给大儿子回了一封电报，上面写着："你和你的马游泳回来吧！"无奈之下，儿子只好又卖掉了马。

在罗斯福家训中，"独立"一直被作为最鲜明的主题，孩子们从父亲那里得到的是严格的教育。罗斯福经常告诉孩子们：每个人都是独立的个体，要有自己的思想，要做自己的主人，这样才能一步步走向成功。培养独立性格还体现在"自己动手的快乐"。

琼斯从不爱买别人做的玩具，他更喜欢自己动手做，因为，他觉得这个过程让他很快乐。但是他的小伙伴迈克却认为，除非花很多钱，否则这个玩具一文不值。

一天，迈克向琼斯炫耀他的木马："快看我的木马，我花了1美元才买到，多漂亮啊！"琼斯很羡慕，他仔细地观察木马，决定自己做一个。很快，他就扎出了让自己满意的形状。在木匠的帮助下，琼斯把轮子也做好了。他跑去找迈克：“瞧，这是我的木马！”“哦，它真漂亮，你在哪儿买的？”迈克问。“这不是买的，是我动手做的！”琼斯回答道。迈克羡慕不已地看着这个漂亮的木马。此后，琼斯通过努力，还拿到了学校里的最高奖学金。

漂亮的小木马在小琼斯的努力下完成了。那我们有没有像琼斯一样，自己动手尝试做过东西呢？不动手，就永远体会不到自己动手的快乐。不动手，不独立，总是依靠别人帮助的人，永远也体会不到自己完成时的雀跃心情。

哈佛的教授总是教育学生：一个杰出的人，是不会依赖别人的，因为他不会让懒惰有机可乘；也只有杰出的人，才更懂得享受自己动手时的美妙体验。

生活中最大的危险，就是依赖他人来保障自己。“让你依赖，让你靠”，就如同伊甸园的蛇，总在你准备努力一番时引诱你。它会对你说：“不用了，你根本不需要。看看，这么多的金钱，这么多好玩、好吃的东西，你享受都来不及呢……”这些话，足以抹杀一个人意欲前进的雄心和勇气，阻止一个人利用自身的资本去换取成功的快乐，让你日复一日原地踏步，止水一般停滞不前，以至于你到了垂暮之年，终日为一生无为悔恨不已。

那么怎么培养一个人的独立性格呢？

加强自我意识。自我意识是对自己身心活动的觉察。自我意识就是自己对于所有属于自己身心状况的认识。由于个体能洞察自己的一切，因而能对自己的行为进行调节和控制。自我意识的成熟被认为是个性基本形成的标志，它在人的社会化过程中具有相当重要的地位。自我意识是个体社会化的结果，同时，自我意识的形成和发展又进一步推动个体的社会化。

积极主动。积极主动能让你克服惰性，把注意力集中于未来。在遇到阻力时，想象自己在克服它之后的快乐，积极投身于实现自己目标的具体实践中，你就能坚持到底。

下定决心。独立性格的体现多表现在遇到事情时做决定上，只要我们下定决心，并做出行动，那么事情就成功一半了。美国罗得艾兰大学教授詹姆斯·普罗斯把实现某种转变分为四步：抵制——不愿意转变；考虑——权衡转变的得失；行动——培养意志力来实现转变；坚持——用意志力来保持转变。

雨果曾经写道："我宁愿靠自己的力量打开我的前途，而不愿求有力者的垂青。"只要一个人是活着的，他的前途就永远取决于自己，成功与失败，都只系于他自己身上。而依赖作为对生命的一种束缚，是一种寄生状态。

英国历史学家弗劳德说："一棵树如果要结出果实，必须先在土壤里扎下根。同样，一个人首先需要学会依靠自己、尊重自己，不接受他人的施舍，不等待命运的馈赠。只有在这样的基础上，才可能做出成就。"将希望寄托于他人的帮助，便会形成惰性，失去独立思考和行动的能力；将希望寄托于某种强大的外力上，意志力就会被无情地吞噬掉。

抛开拐杖，自立自强，这是所有成功者的做法。其实，当一个人感到所有外部的帮助都已被切断后，他就会尽最大的努力，以最坚忍不拔的毅力去奋斗，其结果，他会发现：自己可以主宰自己命运的沉浮。

宽容，走上成功之路

人与人之间需要包容，包容是海纳百川的度量，包容更能让我们去影响他人，从而改变自己。

服装界有名的商人史瓦兹是一个善于容人的经营者，他的成功就和自己善于包容不同个性人才的品格有很大关系。

史瓦兹刚入服装行业的时候，有一次他拿着样衣经过一家小店，却无缘无故地被店主讥讽嘲笑了一通，说他的衣服只能堆在仓库里，再过10年也卖不出去。史瓦兹并未反唇相讥，而是诚恳地请教，结果这小店主说得头头是道。

史瓦兹大惊之下，愿意高薪聘用这位怪人。没想到这人不仅不接受，还讽刺了史瓦兹一通。史瓦兹没有放弃，利用各种方法打听，才知道这小店主居然是一位极其有名的服装设计师，只是因为他自诩天才、性情怪僻而与多位上司闹翻，一气之下发誓不再设计服装，改行做了小商人。

史瓦兹弄清原委后，三番五次登门拜访，并且诚心请教。这位设计师仍然是火冒三丈、劈头盖脸地骂他，坚决不肯答应。史瓦兹毫不气馁，常去看望他，经常和他聊天并给予热情的帮助。这位怪人到最后，也很不好意思了，终于答应了史瓦兹，但是条件非常苛刻，其中包括他一旦不满意可以随意更改设计图案，允许设计师自由自在地上班。果然，这位设计师虽然常顶撞史瓦兹，让他下不了台，但其创造的效益很巨大，帮助史瓦兹建立了一个庞大的服装帝国。

善于容人就要掌控好自己的情绪，这样才可能去容忍他人个性上的缺点。这位设计师的脾气不可谓不怪异，甚至有点恃才傲物，但是史瓦兹慧眼识金，懂得他的价值所在，对他的缺点和不足一一宽容，使他帮助自己走上了事业的成功之路。

众所周知，从哈佛走出了8位美国总统，这当然不是偶然的。哈佛向来鼓励学生们积极参加社团活动，这所古老的学校希望自己的学生都能在社团活动中领略到一个道理：王者的风范来自于宽阔的胸怀。在这方面，林肯可以说是哈佛人的榜样。

当林肯参选总统时，他的强敌斯坦顿因为某些原因而憎恨他，斯坦顿想尽办法在公众面前侮辱他，毫不保留地攻击他的外表，故意制造事端为难他。尽管如此，当林肯当选美国总统时，要选一位最重要的参谋总长，他没选别人，而选了斯坦顿。

当消息传出时，一片喧哗，街头巷尾议论纷纷。林肯不为所动，他回答说："我认识斯坦顿，我也知道他从前对我的批评，但为了国家前途，我认为他最适合这份职务。”果然，斯坦顿为国家以及林肯做了不少的事。

过了几年，当林肯被暗杀后，许多颂赞的话语都在形容这位伟人。然而，所有颂赞的话语中，要算斯坦顿的话最有分量。

他对躺在福特戏院里的林肯说：“这里躺着有史以来最完美的统治者。”

林肯总统的一生是仁爱的象征，他用宽容这种高贵的力量征服了一个又一个政治对手，有许多人还因此成为他的忠实追随者。对当时的战争部长斯坦顿以及著名的拖延将军麦克莱伦，他都用一颗博大的心来包容他们的责骂与反对，并最终赢取了他们的心。

气量是一种高尚的人格修养，一种成大事的大将风度。气量实际上反映了一个人的素养和品性。气量的真正内容是宽容，用博大的态度对待他人，就等于给自己送了一份价值不菲的礼物。生活里多一点宽容，生命就会多一分空间和爱心，生活也就多一分温暖和阳光。

在生活中，也许我们每个人都曾因别人的恶意诽谤或其他打击而深受伤害，这些伤痛一直存在我们的心底，从来没有被治愈过，我们可能至今还在怨恨那些伤害过我们的人。其实，怨恨是一种侵袭性很强的东西，它像一个不断长大的肿瘤，使我们失去欢笑，损害我们的健康。怨恨，更多地伤害怨恨者自己。而这怨恨，只有用包容才能化解。

包容是心与心的交融，无语胜有声；包容是仁者的虔诚，智者的宁静。深邃的天空容忍了雷电风暴一时的肆虐，才有风和日丽；辽阔的大海容纳了惊涛骇浪一时的猖獗，才有浩渺无垠。

有一个人20多岁时被人陷害，在牢房里待了10年。后来冤案告破，他终于走出了监狱。出狱后，他开始了几年如一日的反复控诉、咒骂：“我真不幸，在最年轻有为的时候遭受冤屈，在监狱度过本应最美好的一段时光。那样的监狱简直不是人居住的地方……”

85岁那年，在贫病交加中，他终于卧床不起。弥留之际，牧师来到他的床边：“可怜的孩子，去天堂之前，忏悔你在人世间的一切罪恶吧……”牧师的话音刚落，病床上的他声嘶力竭地叫喊起来：“我没有什么需要忏悔，我需要的是诅咒，诅咒那些施予我不幸命运的人……”

牧师问：“你因受冤屈在监狱待了多少年？离开监狱后又生活了多少年？”他恶狠狠地将数字告诉了牧师。牧师长叹了一口气：“可怜的人，你真是世上最不幸的人，他人囚禁了你区区10年，而当你走出监牢本应获取自由的时候，你却用心底里的仇恨、抱怨、诅咒囚禁了自己整整50年！”

说完，这个人就死了。

记恨的心理对你的不良情绪起了不可低估的作用。今天记恨这个，明天记恨那个，结果朋友越来越少，对立者越来越多，严重影响人际关系和社会交往，成为“孤家寡人”。

人与人之间常常因为一些彼此无法释怀的坚持，而造成永远的伤害。如果我们都能从自己做起，开始包容地看待他人，就能让自己活得更自在、更轻松。别忘了，帮别人开启一扇窗，也就是让自己看到更完整的天空。

包容是一种大度，一种豁达；包容能够容纳万物，能够包含太虚。心旷为福之门，心狭为祸之根。心胸坦荡，不以世俗荣辱为念，不为世俗荣辱所累，不为凡尘琐事所扰，不为痛苦烦闷所惊，就会活得轻松、潇洒、磊落、舒心。

面对许多不愉快的事情，如果我们都能够换位思考，那么矛盾就会趋于缓和，误会也能消融。当你熟悉的人伤害了你时，想想他往日在学习或生活中对你的帮助和关怀，以及他对你的一切好处，这样，心中的火气、怨气就会大减，就能以包容的态度谅解别人的过错或消除相互之间的误会，化解矛盾，和好如初。这样，包容的是别人，受益的是自己。无论在学习和生活中遇到何种不顺心的事情，你都可以在举止之间，显示出包容、仁爱的心态，你将因此受用一生。

包容，意味着你有良好的心理。包容，对人对己，都可成为一种无须投资便能获得的精神补品。学会包容不仅有益于身心健康，而且对赢得友谊、保持家庭和睦、婚姻美满，乃至事业的成功都是必要的。星云大师只望世人能多一点包容，少一些计较，有一颗坦荡的心，无论做任何事，都会感到愉快而宁静。

诚实让心灵变得尊贵

人们都知道变色龙这种爬行动物，它们为了保护自己，会时刻变化自己身体的颜色，来和周围的树木花草的颜色一致，让天敌难以发现。变色龙的变色能力，对于它们保护自己来说实在是太有帮助了。

在我们的生活中，其实也存在着像变色龙一样的人。而和变色龙所不同的是，这些人善变的目的，不是为了保护自己的生命，而是虚伪，表里不一，让别人很难知道他们心里真正想的是什么，从而欺骗他人。对于虚伪的人，大家都非常痛恨。而虚伪的人又往往像变色龙一样，将自己隐藏得很深，让人难以发现，有时候我们甚至把这些人当做自己的好朋友。

正因为这样，很多人都上过虚伪之人的当。可见，面对虚伪，我们绝不能“同流合污”，我们要做的只能是在内心中树立坦诚正直，让自己成为一个表里如一的人。

诚实是一种高尚的品格，它可以让一个人的心灵变得尊贵，品格变得高尚。一个能够对自己和他人都保持诚实的人，他一定可以实现更高的理想。谎言和欺骗也许会暂时让人戴上耀眼的光环，但光环一旦撤去，他必将暗淡无光。在考试和学术科研中，不诚实的言行在哈佛会备受人们的鄙视。

2005年3月8日，哈佛大学取消了119名申请者的入学资格，理由是这些申请者在学校发放录取通知书之前，利用一个在线申请软件的安全漏洞侵入了学校网站，使用“黑客”手段侵入学校网站偷看录取结果。

哈佛商学院院长基姆·克拉克对此发表声明说：“这种行为是不道德的，这是对诚信的严重违背，没有辩解的余地。任何申请者一经发现有此行为，将不予录取。”克拉克还说，商学院培养学生的标准是：品格正直、判断力准确且道德高尚。

这只是哈佛的一个事件，这个事件恰恰体现了哈佛的教育宗旨：合格的学生必须是以诚信为前提的。哈佛学子富兰克林曾经说过："平凡人最大的缺点，是常常觉得自己比别人高明。"正因为大家都有这样的缺点，于是每个人都抱着投机取巧的心态，大家尔虞我诈，到最后聪明反被聪明误。

如果我们希望自己能成为一个品行高尚的人，那么无论何时都请选择与诚实为伍。对别人诚实，同时也对自己诚实，你会发现这才是你最大的利益和财富！马克·吐温说："实话是我们最宝贵的东西，我们节省着使用吧。"

诚实守信是做人的根本，哈佛送学子一句话：不是人人都能成为伟人，但人人都能做一个诚实守信的人，只有诚实守信，才能拥有朋友和欢乐。

一个人不诚实地面对自己和他人，就无法真正拥有成功。内心不诚、不真的人，最终必将显露真面目，从而失去信用这一成功的资本。哈佛告诉学生，诚实是一个人最基本的品质，只要拥有了诚实，你便拥有了成功的可能。

哈佛学者说："培养一个诚实的人，远比纵容一个欺诈的硕士要严肃重要得多。"那么我们从哪些方面来培养成一个诚实的人呢？

诚实最基本的一点就是不欺骗他人。一个无诚信的人就是丧失了品德的人，是一个身心不健康的人，不仅伤害了自己，也伤害了他人，可以说就是骗子，这样的人不但得不到他人的信赖，在社会上也无法立足，这样的人很难交到知心的朋友。不管我们在哪里，都要具备诚信。

诚实不仅是说，也要行动。学会诚信还要学会谨慎，不能对他人坦白对自己或者对他人不利的事，一颗诚实的心还需要谨慎，谨慎他人，当别人信任自己时，也要小心。诚信需要坚持，只有坚持才能保持自己不变的品德，在诚实中可以改善自己的身心，磨炼自己的耐力，这不是一件两全其美的事吗？

自觉培养诚信的品质，在工作与生活中表现如一。有重要事情或遇到麻烦事要及时主动听取意见，争取指导。不能掩盖真相或因虚荣心而说谎欺骗别人。

为人诚实，待人诚恳。以诚信取信于人，对人光明磊落、开诚布公、诚实无欺，不欺人也不自欺。有错误诚恳检讨，真诚道歉。信守承诺，说到做到，言行一致，不口是心非，阳奉阴违。珍惜名誉，能自觉抵制金钱等不良因素的诱惑，不昧良心骗人。

一个诚实的人，他的自我是纯真的、稳定的、健康的，体现出一种理想的道德力量和意志力量，为他人所信赖。诚实会升华你的人品，让更多的人支持你，让你取得更大的成功。

诚实是衡量人品是否高尚的一把尺子，这把尺子适用于所有人。诚实不仅是一个人品行的证明，同时，它还能使人树立起对家庭、对工作、对朋友、对社会的强烈责任感。因此，不管时代怎样发展，不管社会怎样变迁，你都不要忘记：诚实是做人的根本，诚实是一切美德的根本。要想获得别人的信任与尊重，你首先应该做到诚实。因为欺骗别人的人最终是在欺骗自己。

诚实是一种能够打动心灵的品质，诚实的美德即便是从小孩子的身上表现出来，也会在周围的人中产生积极的影响。生活中常常会遇到各种诱惑，但只要秉持着诚实这条原则，就一定可以战胜诱惑，拒绝做它的俘虏。这也是哈佛提倡的处世智慧。哈佛教授爱默生认为，品格是一种内在的力量，它的存在能直接发挥作用，而无须借助任何手段。

“诚实守信”是我们每天的必修课。无论什么时候、什么场合，这四个大字永远伴我们而行，诚实守信是一个人最基本的道德修养。它让我们的人生变得更加辉煌，更加灿烂。

降临的那一刻，就要负起责任

负责是高情商者成功的关键，成功的优秀人士大多是这样的人：具有高度责任心，工作态度认真，永远抱有激情。一个不负责的人永远不可能获得成功，他如同一个莽汉，对自己的行为不加约束，不加重视，做事既没有严谨负责的精神和态度，也没有清晰的规划，最终只能接受失败的下场。相反，一个有强烈责任感的人，就像一个有计划的工程师，时时刻刻让事情朝着自己想要的方向发展，从而取得成功。

曾经荣获普利策奖的詹姆斯·赖斯顿是在第二次世界大战期间应聘到《纽约时报》的，在此之前，他亲历了德国纳粹对伦敦所进行的狂轰滥炸。孤身一人工作在战火纷飞的伦敦的詹姆斯·赖斯顿非常想念妻子和 3 岁的儿子。在给儿子的信中，詹姆斯这样写道：

“我周围这些生活在紧张之中的人们，大都有了一种更加强烈的责任感。他们更具爱心，做事更多地为他人考虑，与此同时，他们也日益坚强起来。他们在为实现他们自身的理想而作战，我觉得那也是你应该为之努力的东西。

“我想向你强调的是，一个人必须承担他应该承担的责任。这场战争爆发于一个不负责任的年代。我们美国人在本世纪第一次大战快要结束的时候，并没有承担自己的责任。当这个世界需要我们把理想的种子广为播撒的时候，我们却退却了……

“因此，我请求你接受你自己的责任——把美国创建者的梦想变为现实，为着生你养你的这个国家的前途而努力奋斗……简朴人生，勿忘责任。”

世界上的伟人们，随着他们一步步走向成功，他们往往需要负起更大的责任，并以他们的勤奋与才智完成各自的使命。

哈佛告诉学生：当你降临到这个世界上的那一刻，你就要负起责任。

责任并不是一种强加的义务，而是对一个人的基本要求。无论在什么时候,都要勇敢地负担责任,对他人如此,对自己更是如此。

责任心承载着一个人的人格,只有负起责任的时候,你才能找回做人的根本。特别是你犯了错误之后，更应该担当起责任。马克·吐温曾说过:“我们生到这个世界上来是为了一个聪明和高尚的目的，必须好好地尽我们的责任。”一个没有责任感的人,对自己都不能负责,更不要说对他人负责了。从此刻起,认真考虑你身上的责任,然后在一言一行中尽自己的责任。

在一家皮毛销售公司里,老板吩咐亨利、杰克、戴维去做同一件事情:去供货商那里调查一下皮毛的数量、价格和品质。

亨利只用了10分钟就回来了,他并没有亲自去调查,而是向下属打听了一下供货商的情况就回来汇报了。30分钟后,戴维也回来汇报,他亲自到供货商那里了解了皮毛的数量、价格和品质。杰克120分钟后才回来汇报,原来他不但亲自到供货商那里了解了皮毛的数量、价格和品质，而且根据公司的采购要求,将供货商那里最有价值的商品做了详细的记录,并且和供货商的销售经理取得了联系。在返回的途中,他还去了另外两家公司了解那里的皮毛商业信息,将3家供货商的情况做了详细的比较，最后还制订出了最佳的购买方案。

3个人,3个时间,3种态度,3个效果。显然最后的杰克是最有责任感的,因为他懂得这不仅是为了公司,更是为了自己。

一个人平庸不要紧,如果这个人掌握成功的关键——负责,对自己的生活与工作负责,那么将来在生活与事业上一定会有所成就。成功者具有强烈的责任感。一个没有责任感的人,即使是天才也成就不了事业。

负责更多的不是体现在一个人的学识、水平和能力上,而是体现在一个人的品格、价值观和思想境界中,是一个人成功的关键所在。一个人要想在事业上有更好的表现,在生活上有更舒适的改善,那这个人一定要在工作中和生活上对自己的行为负起责任,在工作上要尽心尽责地完成上级交给的任务。人一旦树立了这样的思想意识，就会发现以前认为困难的事情，现在会变得轻松起来。越是认真负责，得到的就越多。

一群男孩在公园里做游戏，有个“倒霉”的小男孩抽到了士兵的角色。他要接受所有长官的命令，而且要按照命令去完成任务。

“现在，我命令你去那个堡垒旁边站岗，没有我的命令不准离开。”

“是的，上校。”小男孩快速、清脆地答道。

时间一分一秒地过去了，小男孩的双腿开始发酸，双手开始无力，天色也渐渐暗下来，却还不见“长官”来解除任务。

一个路人经过，看到正在站岗的小男孩，惊奇地问道：

“你一直站在这里干什么呢？”

“我在站岗，没有长官的命令，我不能离开。”小男孩答道。

“你，站岗？”路人哈哈大笑起来，“这只是游戏而已，何必当真呢？”

“不，我是一名士兵，要遵守长官的命令。”小男孩答道。

小男孩开始觉得事情有些不对劲，于是，他向路人求助道：“其实，我很想知道我的长官现在在哪里，你能不能帮我找到他们，让他们来给我解除任务。”

路人答应了。过了一会儿，他带来了一个不太好的消息：他们都走了。

正在这时，一位军官走了过来，他了解完情况后，以上校的身份郑重地向小男孩下命令，让他结束任务，离开岗位。

军官对小男孩的执行态度十分赞赏。他心里想：“这个孩子长大以后一定是个出色的军人，他对工作岗位的责任意识太让人震惊了。”

军官想得一点也没错，成年后的小男孩在第二次世界大战中立下赫赫战功，两次荣登《时代》杂志的封面，他就是迄今为止美国历史上最后一位五星上将——布莱德雷将军。

布莱德雷将军的成功与他坚守责任的品质不无关系，因为军人的职责更加需要坚守。面对一个在游戏中随意下达的任务，布莱德雷也能不打折扣地坚决完成，可想而知，对待其他更重要的责任，他会完成得更加出色。

人生就是一场负重的远征,背负越多的责任,我们越能到达更远的地方。

一个人的责任感不是很容易培养的,所以我们要从小事、不起眼的事情做起,同时也要负起你认为是大事的责任。负责是成功的关键,只要我们把责任看成是自己的义务,看成是自己迈向成功的一段阶梯,只要我们尽好自己的义务,努力走完这段阶梯,成功就在我们面前。

心里装起更远大的目标

在生活中,常常会见到这样一类人:他们受到一点委屈便斤斤计较、耿耿于怀;听到别人的批评就接受不了,甚至痛哭流涕;对学习、生活中一点小失误就认为是莫大的失败、挫折,长时间寝食难安;人际交往面窄,只同与自己一致或不超过自己的人交往,容不下那些与自己意见有分歧或比自己强的人……这些人就是典型的狭隘型性格的人。

其实为人处世,要有豁达大度的胸怀。豁达,即性格开朗;大度,即气量宏大。合起来就是说,我们在处理人际关系时,要气量宽宏,能够容人。气量和容人,犹如器之容水,器量大则容水多,器量小则容水少,器漏则上注而下逝,无器者则有水而不容。

气量大的人,容人之量、容物之量也大,能和各种不同性格、不同脾气的人都处得来;能兼容并包,听得进批评自己的话;也能忍辱负重,经得起误会和委屈。

牛顿考入大学的时候年仅18岁,有幸得到导师伊萨克·巴罗博士的悉心教导。巴罗是当时知名的学者,他把毕生所学毫无保留地传授给了牛顿。牛顿大学毕业后,继续留在该校当研究生,不久就获得了硕士学位。

又过了一年,牛顿26岁,巴罗以年迈为由,辞去数学教授的职务,积极推荐牛顿接任他的职务。其实巴罗这时还不到花甲,更谈不上年迈,他辞职是为了让贤。从此,牛顿就成了学校公认的大数学家,还被选为三一学院管理委员会成员之一，在这座高等学府中从事教学和科研工作长达30年之久。他的渊博学识和辉煌的科学成就，都是在这里取得的。

而牛顿这些成绩的取得与巴罗博士的教导、让贤密不可分。可以说，牛顿的奖章中，也有巴罗的一半。

在这个故事中，巴罗用他的豁达和宽容为我们做了很好的榜样。个人若有宽宏的度量，他的身边就会集结起大群的知心朋友。大度，表现为对人、对友能求同存异，以事业上的志同道合为交友基础。大度，也表现为能听得进各种不同意见，尤其能认真听取相反的意见。大度，还要能容忍朋友的过失，尤其是当朋友对自己犯有过失时，能不计前嫌，一如既往。大度，更应表现为能够虚心接受批评，发现自己的过失便立即改正，与朋友发生矛盾时，能够主动检查自己，而不文过饰非，推诿责任。大度者，能够关心人、帮助人、体贴人，责己严，待人宽。

比尔·盖茨曾说过："没有豁达就没有宽容。无论你取得多大的成功，无论你爬过多高的山，无论你有多少闲暇，无论你有多少美好的目标，没有宽容心，你仍然会遭受内心的痛苦。世界上最大的是海洋，比海洋更大的是天空，比天空更大的是人的胸怀。"

豁达的度量，从根本上说来自于一个人宽广的胸怀。一个人倘若没有远大的生活理想和目标，其心胸必然狭窄，就像马克思所形容的那样：愚蠢庸俗、斤斤计较、贪图私利的人，总是看到自以为吃亏的事情。眼睛只盯着自己的私利，根本不可能有豁达和宽容的胸怀和度量。"心底无私天地宽"，只有从个人私利的小圈子中解放出来，心里经常装着更远、更大目标的人，才能具备宽广的胸怀，领略到海阔天空的精神境界。

然而豁达不仅表现在与人交往中，也表现在对人生的豁达。

在戴尔·卡耐基小的时候，有几年旱灾非常严重。那时整个美国经济大萧条，农民受到更大的煎熬，没有人知道到底是什么原因让春天该来的雨缺席了，使新种的玉米和小麦得不到雨水的滋润。而卡耐基的父亲把他所存下来的一点点积蓄都花在了做种子用的玉米上。

卡耐基看着家里用最后的一点钱换成的种子，一直在担心，父亲怎么敢将种子撒在那片土地上，种子可能会干枯而一无所获。于是，他问父亲："为什么要冒这个险呢？"

"不会冒险的人永远不会成功！"这是父亲的哲学。只要无惧于尝试，就没有人会彻底失败。

然而，小河里的水日趋减少并干涸，随后，整个夏季被大旱折磨着，河流干涸了，鱼儿一条条死去，最可怕的是，谷物全都枯萎了。

到了秋天收获时，卡耐基的父亲从这半英亩土地上仅获得了半辆货车都不到的玉米，往年，丰收的玉米一定会装满数十辆货车。卡耐基忘不了父亲那晚在餐桌前的一段话："仁慈的上帝，感谢您让我今年什么都没有失去，您把种子还给了我，谢谢您！"

这就是对人生的一种豁达，如果，父亲没有一颗豁达的心，一心想着狭隘的得与失，那么他们连仅有的收获都没有。

那么，我们要怎么做才能克服狭隘，豁达处世呢？

待人要宽容。在生活中，人与人之间难免会出现一些磕磕碰碰，如有的人伤了自己的面子，有的人让自己下不了台，有的人当众给自己难堪，有的人对自己抱有成见，等等。遇到这些事情，我们应该宽容大度以促使他人反躬自省。如果针锋相对，互不相让，就会把事态扩大，甚至激化矛盾，于己于人都没有好处。"退一步海阔天空"，我们应该以这种胸怀，妥善处理日常工作、生活中遇到的问题，这样才能处理好人际关系，更好地享受工作、学习、生活的乐趣。

办事要理智。很多人不够成熟，遇事易受情绪控制，一旦受了委屈，遇到挫折，容易失去理智而做出一些蠢事傻事来。因此，遇事都要先问问自己："这样做对不对？这样做的后果是什么？"多问几个为什么之后，就可以有效地避免"豁出去"的想法和做法，避免更大冲突的发生。

处世要豁达。凡事要想开一些，要胸怀宽广，能容人，能容事，能容批评，能容误解。遇到矛盾时，只要不是原则性问题，都可以大而化小、小而化了。即使有人故意“冒犯”自己，也应以团结为重，冷静对待和处理。

哈佛学者说：豁达一点，我们的生活会更美好。

正直并坚持己见

从“正直”的字面意思来说，“正”是符合标准方向，不偏斜；“直”是不弯曲，不偏斜。“正”与“直”合起来的意思就是公正、直爽。正直的道德内涵是十分丰富的，它既是一种公正的道德意识，又是一种高尚的道德情感，也是一种纯正的思想作风和正当的道德行为。正直的实质是为公还是为私的问题，为公为正，为私为邪；秉公为直，偏私为恶。正直和邪恶是对立的。

在英语中，正直一词的基本词义指的是完整。在数学中，整数的概念表示一个数字不能被分开。同样，一个正直的人也不能把自己分成两半，他不会心口不一，想一套，说一套，因为实际上他不可能撒谎，他也不会表里不一，信一套，干一套，这样他才不会违背自己的原则。我坚信，正是由于没有内心的矛盾，才给了一个人额外的精力和清晰的头脑，使他必然地获得成功。

正直是一种最完美、崇高的感情。它高于一切，能够让真相显现，让坏人得到惩罚，但这一切的前提是：你必须有足够的勇气战胜阻碍正义的屏障，这些障碍包括权威、私利、虚荣等很多因素。

哈佛教育学生的准则中有一条是：对自己负责。如果你能通过自己良心的考验，就请坚持下去。英国学者阿瑟·戈森说，正直的人都是抗震的，他们似乎有一种内在的平静，使他们能够经受住挫折，甚至是不公平的待遇。他还说，正直意味着有勇气坚持自己的信念。这一点包括有能力去坚持你认为是正确的东西，在需要的时候义无反顾，并能公开反对你确认是错误的东西。

这位神父很苦恼，事情的起因是由于一个男人在他面前做过一次忏悔。

“实话相告，我是个杀人犯。”

那男人坦白说，他是一起杀人案中真正的凶手，而该案的嫌疑犯已被逮捕并判处死刑。神父本应该向警察局报告这件事的真相，可是他的教规严禁将忏悔者的秘密泄露给他人。

他不知如何是好。如果就这样保持沉默，一个无辜的人即将冤死，这会使他良心不安。但是要打破教规，这对于发誓将一生献给上帝的他来说，无论如何也做不到。他陷入了进退两难之中。

最后，他决定保持沉默。于是，他来到另一个神父朋友的面前忏悔。

“我将眼看着一个无辜的人被处死……”

他陈述了事情的来龙去脉。

这位神父朋友也为难了。想来想去，他也决定保持沉默。为了逃避良心的谴责，他又向另外一个神父忏悔……

在刑场上，神父问死囚：“你还有什么要说的吗？”

“我没有罪，我冤枉！”死囚叫道。

“这我知道。”神父回答，“你是无辜的，全国的神父都知道。但是，我们有什么办法呢？”

真是可悲，神父受到教规的限制而放弃了对正义和真理的遵从，其代价就是一个无辜的人走向刑场，而所有知道真相的神父都将在良心的谴责中度过一生。

哈佛教育有一个重要的理念就是做你自己认为正确的事，不要去在意耳边苍蝇的吵闹。世界上有许多名不副实的人，在别人眼中的形象和他本人可能是两种人。有些人觉得人言可畏，所以尽量跟随着别人的想法走，却不去考虑事实应该是怎样的。问题的关键在于，你在意的是别人对你的看法呢，还是坚持心中的真理呢？

正直之所以可贵，就是很少有人能坚持己见，听取自己心中的意见，拒绝别人的威胁或利诱，不做自己不情愿做的事。只要你自己认为可以坦然地面对自己，那么也同样能够从容地面对他人。名声有可能是人为造出来的，它的虚和实都很难弄明白，只有你自己才知道自己究竟是一个怎样的人。

所以，只要自己问心无愧，又何必管别人怎么看呢？而且真理总有一天会展示在人们面前，就算只有你心中明白，你也可以坦然自若地继续自己的生活。

那么怎么做一个正直的人呢？

敢作敢当。泰戈尔说："当你把所有的错误关在门外，真理也就被拒绝了。"人非圣贤，孰能无过，况且就是圣贤也都有犯错误的时候。一个人犯了错误并不可怕，可怕的是明明知道自己错了，却不知道悔改，不敢承认错误。所以，做人要做一个敢作敢当的人，这样自身才会有魅力。

面对诱惑，做事要有原则。品格高尚是每个成功者必备的要素之一，因为它激发起各种各样的伟大情怀。它使人增加趣味，放宽心胸，拓展视野，即使面对各种恶劣环境，它也能控制你的意志，让你成为受人尊敬的人。

踏踏实实做人，实实在在办事。天道酬勤，不要光耍嘴皮子，好逸恶劳，要勤字当头，尽心尽力、尽职尽责才能成就大事业。不要小事不想做，大事做不了，对工作拈轻怕重、好高骛远，干事业要先扫一屋，才能扫天下，要从现在做起，从小事小节做起，从点滴细节做起，做老实人、讲老实话、办老实事才是长久之根本。做人一定先问自己是否实实在在。

做人做事要正派，堂堂正正才是处世之基、立足之本。己不正，何以正人？身正才能魂安梦稳，品行端正做人才有底气、做事才会硬气。心底无私天地宽，表里如一襟怀广。正直的人做事不文过饰非，不偷奸耍滑，不阳奉阴违，平等待人，公正处事才会赢得他人的信赖和尊敬。

要诚实。社会上常常有这样的人，他们圆滑机巧，善于八面玲珑，言不由衷。看起来他们工作卖力，成绩斐然，但他们的人生却是失败的，因为他们这种虚伪的性格使他们交不到一个知心朋友。有的人也许没有辉煌的成绩,没有耀眼的光芒,可他们却因自己诚实可靠的品格赢得了真正的机会,铸就了自己不一样的人生,这就是做一个诚实的人的收获。

第六章　控制情绪，活出你的惬意

负面情绪，人生路上的绊脚石

心理学上把焦虑、紧张、愤怒、沮丧、悲伤、痛苦等情绪统称为负性情绪，有时又称为负面情绪，人们之所以这样称呼这些情绪，是因为此类情绪体验是不积极的，身体也会有不适感，甚至影响工作和生活的顺利进行，进而有可能引起身心的伤害。

正面心理与负面心理的比例达到了1:21，这是一个多么令人吃惊的数字！

现在，全球范围内出现心理问题的人越来越多，而且呈现出低龄趋势。根据2000年的调查，患有抑郁症的人数是1960年的10倍，而且患病人群的最低年龄已经由从前的25岁降低到了14岁。

最近医学发现，负性情绪极易形成“癌症性格”，“癌症性格”的具体表现包括：性格内向，表面上逆来顺受、毫无怨言，内心却怨气冲天、痛苦挣扎，有精神创伤史；情绪抑郁，好生闷气，但不爱宣泄；生活中一件极小的事便可使其焦虑不安，心情总处于紧张状态，这些负性情绪则可损害人的免疫系统，诱发癌症。

2005年的一项调查显示：80%的哈佛学生至少有过一次抑郁的经历，有47%的学生曾经达到过崩溃的边缘，有94%的学生都会感到压力大甚至是喘不过气来。可见，人们的负面情绪的比例如此之大，我们要控制负面情绪，但我们也要允许自己有负面情绪。

有位太太请了一个油漆匠到家里粉刷墙壁。油漆匠一走进门，看到她的丈夫双目失明顿时流露出怜悯的目光，他觉得她的丈夫很可怜，看不到阳光、花草和人们。

可是男主人一向开朗乐观，所以油漆匠在那里工作的几天，他们谈得很投机，油漆匠也从未提起男主人的缺陷，但他很想知道男主人为什么这么开心。

工作完毕，油漆匠取出账单，那位太太发现比原先谈妥的价钱，打了一个很大的折扣。她问油漆匠：“怎么少算这么多呢？”油漆匠回答说：“我跟你先生在一起觉得很快乐，他的开朗、他的乐观，使我觉得自己的境况还不算最坏。所以减去的那一部分，算是我的一点谢意，因为他使我不会把工作看得太苦！”

其实这个油漆匠，自己只有一只手。

我们无法选择将要发生的事情，情绪的到来也没有任何信号。尤其是负面情绪，我们无法阻止负面情绪的产生，但我们可以掌握自己的态度，调节情绪来适应一切环境，生活中大多数的情况下，你完全可以选择你所要体验的情绪，关键在于自己对生活的态度的选择。

在2000年美国就做了一项关于1967—2000年心理学文摘的调查，结果发现关于负面心理与关于正面心理研究的论文数目比例相差得太远太远。这项调查中的结果显示：关于愤怒的研究文章有5584篇，关于沮丧的有41416篇，关于抑郁的有54040篇。而关于喜悦的研究文章只有515篇，关于快乐的有2000篇，关于生活满意的有2300篇。结果可以得到一个结论：那就是研究正面心理与负面心理的比例达到了1∶21，这是一个多么令人吃惊的数字！

积极心理学与传统心理学有着很大的不同，正因为如此，全世界才会有众多的学者聚集在这一领域从事研究。也许积极心理学将是解决现代人类心理症结的最佳突破口。

总之，所有的负面情绪是我们修行者的绊脚石，我们必须去认识它，重视它，超越它，让绊脚石变成我们前进中的垫脚石。祝愿大家都能断惑生慧，有一个开心、快乐的人生。

好情绪是赶走忧伤的特效药

哈佛学子爱默生说:“唯有具有最高尚的和最快乐的性格的人才会感染周围的人。”好情绪就是一种特效良药,它可以赶走忧伤、痛苦,最重要的是好情绪就是把握现在的快乐。

从前,一个富人和一个穷人谈论什么是快乐。穷人说:“快乐就是现在。”富人望着穷人的茅舍、破旧的衣着,轻蔑地说:“这怎么能叫快乐呢?我的快乐可是百间豪宅、千名奴仆啊。”有一天,一场大火把富人的百间豪宅烧得片瓦不留,奴仆们各奔东西。一夜之间,富人沦为乞丐。

炎热的七月,汗流浃背的乞丐路过穷人的茅舍,想讨口水喝。穷人端来一大碗清凉的水,问他:“你现在认为什么是快乐?”乞丐眼巴巴地说:“快乐就是此时你手中的这碗水。”

是的,好情绪就是把握现在,这才是解除你痛苦的特效良药。大卫·葛雷森说:“我相信,现在未能把握的生命是没有把握的;现在未能享受的生命是无法享受的;而现在未能明智地度过的生命是难以过得明智的。因为过去的已去,而无人得知未来。”

莎士比亚说:“在时间的大钟上,只有两个字——现在。”如果你在为往事而悔恨,为未来的事情而担忧,那你就没有生活在现在。这是人一生中最有害的两种情绪,它不会帮你改变过去与未来,却会使你陷入惰性与悲观的泥潭,失去现在。

决定一个人心情的,不在于环境,而在于心境。

一位知名学者是单身汉的时候,和几个朋友一起住在一间只有七八平方米的小屋里。但是,他一天到晚总是乐呵呵的。

有人问他:“那么多人挤在一起,连转个身都困难,有什么可乐的?”学者说:“朋友们在一块儿,随时都可以交换思想、交流感情,这难道不是很值得高兴的事吗？”

过了一段时间，朋友们一个个成家了。屋子里只剩下学者一个人了，但是他每天仍然很快活。那人又问：“你一个人孤孤单单的，有什么好高兴的？”他说：“我有很多书啊！”

几年后，学者也成了家，搬进了一座大楼里。他在一楼，不安静、不安全，也不卫生。有人问他：“你住这样的房间，也感到高兴吗？”“是啊，我进门就是家，不用爬很高的楼梯；搬东西方便，不必费很大的劲儿；特别让我满意的是，可以在空地上养一丛一丛的花，种一畦一畦的菜，这些乐趣，数之不尽啊！”

过了一年，学者把一层的房间让给了一位朋友，这位朋友家有一个偏瘫的老人。他搬到了楼房的最高层——第七层，可是他每天仍是快快活活的。有人又问：“先生，住七层也有许多好处吧！”学者说：“是啊，每天上下几次，这是很好的锻炼机会，有利于身体健康。光线好，看书写文章不伤眼睛。”

有人看他每天都高高兴兴的，就又问他：“你一直都有一个好心情，那么保持好心情的秘诀是什么呢？”学者说：“其实很简单，决定一个人心情的，不在于环境，而在于心境。好心境就像特效良药一样，让你药到病除。”

其实，人之所以有坏情绪，是因为他们不知道怎么获得一份好心情。每个人都会遭遇磨难与挫折，会遇到这样那样的不如意，面对生命中的这些难题，我们应该如何进行心理调适，走出阴霾呢？以下六种方法，我们不妨一试。

沉着冷静，不慌不怒。从客观、主观、目标、环境、条件等方面，找出受挫的原因，采取有效的补救措施。

自我宽慰，乐观自信。能容忍挫折，心怀坦荡，情绪乐观，发愤图强，满怀信心去争取成功。

鼓足勇气，再接再厉。要勇往直前，加倍努力，要认识到正是生命中的种种不顺利才使我们变得聪明和成熟。

情绪转移，寻求升华。可以通过自己喜爱的集邮、写作、书法、美术、音乐、舞蹈、体育锻炼等方式，使情绪得以调适，情感得以升华。

学会宣泄，摆脱压力。找一两个亲近的人、理解你的人，把心里的话全部倾吐出来，摆脱压抑状态，放松身心。

学会幽默，自我解嘲。幽默和自嘲是宣泄积郁、平衡心态、制造快乐的良方。我们不妨采用阿Q的精神胜利法或幽默的方法来调整心态。

人需要保持知足常乐的人生态度，这样才会有一份好的心情。这种知足不是不上进，而是一种从虚荣、狭隘、担忧和焦虑中解脱出来的喜悦。有些人总是哀叹自己没有得到这样，没有得到那样，他们总是哀叹自己的条件如何差劲，他们总是哀叹自己的命运如何坎坷，但他们不知道，还有很多人远远不如他们，他们实在没有必要自寻烦恼。坏情绪都是自己酿造的，人生就是好与坏的综合体，如果我们在获得好心情的时候不好好珍惜，那么我们的一生将与痛苦相伴。

人生在世，不可能事事得意，事事顺心。面对挫折能够虚怀若谷，大智若愚，保持一种恬淡平和的心境，这是人生的智慧。正如马克思所言："一种美好的心情，比十服良药更能解除生理上的疲惫和痛楚。"

给自己找一个宣泄坏情绪的出口

情绪的宣泄是平衡心理、保持和增进心理健康的重要方法。不良情绪来临时，我们不应一味控制与压抑，而应该用一种恰当的方式，给汹涌的情绪一个适当的出口，让它从我们的身上流走。

在我们的生活中，可能会产生各种各样的情绪，坏情绪如果长期积压在心中，就会影响脑的功能或引起身心疾病。因而，我们要及时排解。很多时候，只要把困扰我们的问题说出来，心情就会感到舒畅。我国古代，有许多人在他们遭到不幸时，常常有感赋诗，这实际上也是使情绪得到正常宣泄的一种方式。有人经过研究认为，在愤怒的情绪状态下，伴有血压升高，这是正常的生理反应。如果怒气能适当地宣泄，紧张情绪就可以获得松弛，升高的血压也会降下来；如果怒气受到压抑，长期得不到发泄，那么紧张情绪得不到平定，血压也降不下来，持续过久，就有可能导致高血压。由此可见，情绪需要及时地进行宣泄。

尽管自控是控制情绪的最佳方式，但在实际生活中，始终以积极、乐观的心态去面对不顺心的外部刺激，是非常难做到的。所以，人们在控制情绪时常常综合应用忍耐和自控的方法，而且，为了顾全全局，暂时忍耐的方法用得更多。所以，尽管在面对不愉快时会努力做到自控，但往往并非能做到真正的洒脱，还需要检验个人的忍耐力。然而，每个人的忍耐力都是有极限的，当情绪上的烦躁、内心的痛苦累积到一定程度，最终会非理性地爆发出来。所以，在实际生活中，不能一味地操之在我，还要懂得适当地宣泄，为自己的坏情绪找一个“出口”，将内心的痛苦有意识地释放出来，而非不可控地爆发。

这天晚上，汉斯教授正准备要睡觉，突然电话铃响了，汉斯教授接起了电话，是一位陌生妇女打来的，对方的第一句话就是：“我恨透他了！”“他是谁？”汉斯教授感到莫名其妙。“他是我的丈夫！”汉斯教授想，哦，打错电话了，就礼貌地告诉她：“对不起，您打错了。”可是，这位妇女好像没听见似的，如竹筒倒豆子一般说个不停：“我一天到晚照顾两个小孩，他还以为我在家里享福！有时候我想出去散散心，他也不让，可他自己天天晚上出去，说是有应酬，谁知道他干吗去了！……”

尽管汉斯教授一再打断她的话，告诉她他不认识她，但她还是坚持把话说完了。最后，她喘了一口气，对汉斯教授说：“对不起，我知道您不认识我，但是这些话在我心里憋了太长时间了，再不说出来我都要崩溃了。谢谢您能听我说这么多话。”原来汉斯教授充当了一个听筒。但是他转念一想，如果能挽救一个濒临精神崩溃的人，也算是做了一件好事。

情绪应该宣泄，但宣泄应该合理。当有怒气的时候，不要把怒气压在心里，生闷气；不要把怒气发泄在别人身上，迁怒于人，找替罪羊；不要把怒气发泄在自己身上，如自己打自己耳光、自己咒骂自己，甚至选择自杀的方法当作自我惩罚；不要大叫、大闹、摔东西，以很强烈的方式把怒气发泄出去。因为上述所有做法不但于事无补，反而会使问题进一步恶化，给自己带来更大的伤害。

对于情绪的宣泄，可采用如下几种方法：

直接对刺激源发怒。如果发怒有利于澄清问题，具有积极性、有益性和合理性，就要当怒而怒。这不但可以释放自己的情绪，而且是一个人坚持原则、提倡正义的集中体现。

借助他物出气，把心中的悲痛、忧伤、郁闷、遗憾痛快淋漓地发泄出来，这不但能够充分地释放情绪，而且可以避免误解和冲突。

学会倾诉。当遇到不愉快的事时，不要自己生闷气，把不良心境压抑在内心，而应当学会倾诉。

高歌释放压力。音乐疗法主要是通过听不同的乐曲把人们从不同的不良情绪中解脱出来。除了听以外，自己唱也能起同样的作用。高声歌唱是排除紧张、激动情绪的有效手段。

以静制动。当人的心情不好，产生不良情绪体验时，内心都十分激动、烦躁、坐立不安，此时，可默默地侍花弄草，观赏鸟语花香，或挥毫书画，垂钓河边。这种看似与排除不良情绪无关的行为恰是一种以静制动的独特的宣泄方式，它是以清静雅致的态度平息心头怒气，从而排除沉重的压抑。

哭泣。哭泣可以释放人心中的压力，往往当一个人哭过之后，发现心情会舒畅很多。

当然，宣泄也应采取适当的正确方式，一些诸如借助他人出气、将工作中的不顺心带回家中、让自己的不得意牵连朋友等做法是不可取的，这于己于人都是不利的。与其把满腔怒火闷在心中，伤了自己，不如找个合适的出口，让自己更快乐一些。

生活在大千世界中的人，在性格、爱好、职业、习惯等诸方面存在着很大的差异，对事物、问题的认识与理解也不尽相同。因此，我们不能要求他人与自己一样，不能以自己的标准和经验来衡量他人的所作所为，要承认他人与自己的差别，并能容忍这种差别。不要企图去改变别人，因为那是徒劳的。

人不会没有脾气，尽管你是一个有涵养的人，也不免有时要发一下脾气。遇事不如意，看人不顺眼，因而生气，几乎成为这个社会中屡见不鲜的现象。不过，屡见不鲜并非理所当然，也不一定是好事。脾气之所以成为问题，乃在于自己所说的话太刻薄，所做的事太过分，不但会刺伤人家的心，使自己后悔莫及，而且还会把事情弄砸了，把人际关系也弄僵了，这就是发脾气的恶劣后果。

所以，我们一定要记住：当你想要发脾气的时候，就给自己的情绪找一个宣泄的出口。

管理自己的冲动行为

在种种消极情绪中，冲动无疑是破坏力最强的情绪之一，它是低情商的表现，每个人在生活中都会遇到不合自己心意的事，这时候如果不保持冷静，不克制自己的冲动行为，就会为此付出代价。一个聪明的人，不应让坏情绪控制自己，而是应该自己去控制坏情绪，成为情绪的主宰者。

生活中许多人，往往控制不住自己的情绪，任性妄为，结果引火烧身，给自己和朋友带来不必要的麻烦。所以，你要学会控制自己的冲动，学会审时度势，千万不能放纵自己。每个人都有冲动的时候，尽管冲动是一种很难控制的情绪，但不管怎样，你一定要牢牢控制住它。否则一点细小的疏忽，可能贻害无穷。

培根说：“冲动就像地雷，碰到任何东西都一同毁灭。”如果你不注意培养自己冷静平和的性情，一旦碰到不如意的事就暴跳如雷，情绪失控，就会让自己陷入自我戕害的囹圄之中。

一个孩子无法控制自己的情绪，一天，他父亲给了他一大包钉子，让他每发一次脾气就用铁锤在他家后院的栅栏上钉一颗钉子。第一天，小男孩共在栅栏上钉了37颗钉子。

过了几个星期，小男孩渐渐学会了控制自己的情绪，栅栏上钉子的数量开始逐渐减少。

再后来，他发现控制自己的坏脾气比往栅栏上钉钉子要容易多了。

最后，小男孩发脾气的频率越来越低，栅栏上钉的钉子也越来越少。

他把自己的转变告诉了父亲。他父亲又建议他说："如果你能坚持一整天不发脾气，就从栅栏上拔下一颗钉子。"经过一段时间，小男孩终于把栅栏上所有的钉子都拔掉了。

父亲拉着他的手来到栅栏边，对小男孩说："儿子，你做得很好。但是，你看一看那些钉子在栅栏上留下的小孔，栅栏再也回不到原来的样子了。当你出于一时冲动，向别人发过脾气之后，你的言语就像这些钉孔一样，会在别人的心里留下疤痕。"

在现实生活中，有人只顾逞一时的口舌之快，很多话不经思考便脱口而出，有意无意地就会对他人造成伤害。伤害一旦造成，再多的弥补也往往无济于事。

所以，作为情绪的主人，我们应该培养自我心理的调节能力，这是一种理性的自我完善。这种心理调节能力，在实际行为上显示出强烈的意志力和自持力。它使人以平和的心态来面对自己人生的起起落落，保持与他人交往时的淡定从容。

有一个发生在美国阿拉斯加的故事。有一对年轻的夫妇，妻子因为难产死去，孩子活了下来。丈夫一个人既要工作又要照顾孩子，有些忙不过来，可是找不到合适的保姆照看孩子，于是他训练了一只狗，那只狗既听话又聪明，可以帮他照看孩子。

有一天，丈夫要外出，像往日一样让狗照看孩子。他去了离家很远的地方，所以当晚没有赶回家。第二天一大早他急急忙忙往家里赶，狗听到主人的声音摇着尾巴出来迎接，他发现狗满口是血，打开房门一看，屋里也到处是血，孩子居然不在床上……他全身的血一下子都涌到头上，心想一定是狗的兽性大发，把孩子吃掉了，盛怒之下，拿起刀来把狗杀死了。

就在他悲愤交加的时候，突然听到孩子的声音，只见孩子从床下爬了出来，丈夫感到很奇怪。他再仔细看了看狗，这才发现狗后腿上有一大块肉没有了，而屋门的后面还有一头狼的尸体。原来是狗救了小主人，却被主人误杀了。

丈夫在一刀带来的痛快之后，很快就尝到了痛苦的滋味。他痛失爱犬，而所有的结局全由那冲动的一刀所致，这不能不说是件很遗憾的事。在遇到一些情况时，我们需要的是冷静，而非冲动。

大多数成功者都是对情绪能够收放自如的人。这时，情绪已经不仅仅是一种情感的表达，更是一种重要的生存智慧。如果不注意控制自己的情绪，随心所欲，就可能带来毁灭性的灾难。情绪控制得好，则可以帮你化险为夷。

人们形容某些幼稚的行为举动，常会用“冲动”来说明。也有些不负责任的人，在做了错事之后不敢承担责任，用“一时冲动”来替自己辩解。人要想在竞争激烈的环境中有所作为，就必须学会克制住冲动的魔鬼，否则会一发不可收拾，后果也许令我们难以承受。

用理智战胜冲动。理智者遇上不顺心之事，一般都能三思而后行。除了那些丧失理智和法律意识淡薄之人外，正常人都有一时激愤或消沉的时候，这是个危险时段，很多不正确的判断常常是在这不冷静的时刻作出的。判断失误必然导致行为欠妥，如果人们能在最短的时间内让头脑降温，就会掐掉一根危险的导火线。

提高文化素养。能否理智行事与文化程度的高低成正比。这一点和深圳法院的调查报告完全吻合：“冲动杀人的罪犯最多仅有初中以下文化程度，文化程度低下，缺乏自控能力是逞一时之快杀人的重要原因。”众所周知，法律对一些欲铤而走险的人能起警示作用，可是，如果文化程度低下，加之法律意识淡薄，“无知无畏”，那就极容易经不起旁人的撺掇而走向犯罪的深渊。

用外人的眼光看问题。“当局者迷，旁观者清”，这话不无道理。在日常生活中，我们每个人都曾做过局外人，观看过别人吵架，这时候，无论是哪一方的言行，其失当和偏颇之处你大多能觉察。因此，如果人们能以局外人的头脑，观察自己，则善莫大焉。

“冲动是魔鬼”，我们应该时刻谨记这句话，并在我们情绪失控的时刻以此来加以制止。任何事情都应该三思而后行，一时的冲动只能让结果变得更坏。

停止你的“牢骚”

密歇根大学社会研究院的研究员发现，凡在公司中有对工作发牢骚的人，那家公司一定比没有这种人或有这种人而把牢骚埋在肚子里的公司成功得多。这就是所谓的“牢骚效应”。

哈佛大学心理学系的梅约教授组织过一个谈话试验。专家们找工人个别谈话，而且规定在谈话过程中，专家要耐心倾听工人们对厂方的各种意见和不满，并做详细记录。

结果他们发现：两年以后，工厂的产量大幅度提高了。经过研究，他们给出了原因：在这家工厂，长期以来工人对它的各个方面就有诸多不满，但无处发泄。谈话试验使他们的这些不满都发泄出来了，从而感到心情舒畅，所以工作干劲高涨。这就是“牢骚效应”。

沉默比牢骚更有建设性。

对于那些热爱抱怨的人来说，沉默是一件痛苦的事情。但是，沉默却能把他们从抱怨的情绪中解救出来。如果你什么都不说，大家也许还会赞美你稳重，但如果你说个不停，不但不会表现出你期望的睿智，反而会令人感觉到浮躁。倘若你滔滔不绝了很久，表达的内容却无非是抱怨和牢骚，那就更不够明智了。

所以，在思想上给自己一个过滤器吧，当你想要抱怨时，请让自己沉默几分钟，让你的话语先穿越抱怨的过滤器。沉默能让你自省反思、谨慎措词，让你说出你希望能传送创造性能量的言论，而不是任由不安驱使你发出又臭又长的牢骚。

法国有句谚语：雄辩如银，沉默是金。在现实生活中，有时候沉默确实胜于雄辩，当然更胜过那些毫无价值的抱怨。

沉默往往比抱怨更有建设性。抱怨是一种习惯，如果你不想把抱怨的话说出口，那么就请沉默，让自己暂停一下，调整一下呼吸，就能给自己一个机会，在说话时更加小心地选择词语，也更加仔细地斟酌自己将要表达的观点是否合适。说话之前，不如深呼吸，而不要穷抱怨。

价值不需要用牢骚来证明。

不要去嫉妒别人的命有多好，也不要抱怨自己的价值没有被人发现。如果你本身是一颗珍珠，纵使被禁锢在坚硬的贝壳之中，也迟早会被人发现。但假如你只是一粒沙子，即使在阳光照射下的海滩上，也会永远被游客踩在脚底。

约翰从斯坦福大学毕业之后进入了一家规模很小的财会公司，每天，他像所有新入职的年轻人一样从事着简单的工作。

一天，约翰终于忍不住心中的愤懑前去质问上帝："命运为什么对我如此不公平？"上帝沉默不语，不动声色地从地上捡起一颗小石子扔进了乱石堆里。上帝对约翰说："请你利用你的才能和智慧，将我刚才扔掉的石子找回来吧！"

约翰翻遍了乱石堆，却无功而返，他不满地说："您还没有回答我的问题呢！"这一次，上帝皱了皱眉头，他走到约翰身边，摘下了约翰手上的戒指，再一次扔进了乱石堆。约翰既吃惊又生气，他没等上帝说话便迅速地跑到石堆旁，这一次，他很快便找到了那枚金光闪闪的戒指。

上帝却说："你是那颗石子还是这枚戒指呢？"看着面带微笑的上帝，约翰恍然大悟：当自己还只不过是一颗石子，而不是一块金光闪闪的金子时，就永远不要抱怨命运对自己不公平。

当我们抱怨现实对自己不公时，先问一下自己到底是石头还是金子。价值从来不需要用牢骚来证明，一个人唯有先征服自己，才有能力征服他人，让别人信任自己。有位作家曾经说过："自己把自己说服了，是一种理智的胜利；自己被自己感动了，是一种心灵的升华；自己把自己征服了，是一种人生的成熟。大凡说服了、感动了、征服了自己的人，就有力量征服一切挫折、痛苦和不幸。"所以，当你想要向世界证明自己的能力时，请先让自己相信，你是一个真正有实力的人，而不是一个"抱怨鬼"。

愤怒是把自毁的剑

愤怒是一种常见的消极情绪，它是当人对客观现实的某些方面不满，或者个人的意愿一再受到阻碍时产生的一种身心紧张状态。在人的需要得不到满足、遭到失败、遇到不平、个人自由受限制、言论遭人反对、无端受人侮辱、隐私被人揭穿、上当受骗等多种情形下人都会产生愤怒情绪，愤怒的程度会因诱发原因和个人气质不同而有不满、生气、愤怒、恼怒、大怒、暴怒等不同层次。发怒是一种短暂的情绪紧张状态，往往像暴风骤雨一样来得猛、去得快，但在短时间里会有较强的紧张情绪和行为反应。

一般而言，生气时刻可归类为下列几种：

当你因某种因素感到受挫、受胁迫或被他人轻蔑时。

当我们着实受到严重伤害，但为了掩饰自己的脆弱，于是代之以愤怒，以求自卫。

当某种情境或某人的行为勾起我们昔日某种不堪的回忆时。

当我们觉得自己的权利受到剥夺，或遭到某人误解时。

当我们受到惊吓或处事不当时，自己生自己的气。

莎士比亚说：不要因为你的敌人燃起一把火，你就把自己烧死。当你发怒的时候，怒火也许会烧及他人。但一般情况下，它是向内烧——烧的是发怒者个人的身心健康。

看过著名影片《勇敢的心》的人们一定记得片中的一段关于英格兰国王临终前的景象：由苏菲·玛索饰演的王妃因求情也未能救下华莱士而对老国王心怀恼恨，在国王不能行动也不能说话之际，靠在他的身边，轻轻地说了一句话，就将老国王置于死地。那么王妃说的是什么呢？她只是平静地说了她怀的孩子是华莱士的，而非王子的。国王一命呜呼是由于愤怒的情绪导致的。

人们时刻都要管理好自己的情绪，尤其在人生的一些关键时刻。在每次要发脾气前，先冷静地问问自己：别人不会为我的坏脾气“埋单”，我自己可以吗？如果你自己也不想这么做，那么还是收起你的怒气吧。所谓的性格，都是情商的表现。当我们生气的时候要冷静下来确实有点难度，但如果不控制怒气，只会损失更多。

1943年，第二次世界大战期间著名将领巴顿在去战后医院探访时，发现一名士兵蹲在帐篷附近的一个箱子上。巴顿问他为什么住院，他回答说：“我觉得受不了了。”医生解释说他得了“急躁型中度精神病”，这是第三次住院了。

巴顿听罢大怒，他痛骂了那个士兵，用手套打士兵的脸，并大吼道：“我绝不允许这样的胆小鬼躲藏在这里，他的行为已经损坏了我们的声誉！”

第二次来，巴顿又见一名未受伤的士兵住在医院里，顿时变脸，问：“什么病？”士兵哆嗦着答道：“我有精神病，能听到炮弹飞过，但听不到它爆炸（炸弹休克症）。”巴顿勃然大怒，骂道：“你个胆小鬼！你是集团军的耻辱，你要马上回去参加战斗，但这太便宜你了，你应该被枪毙。”说着抽出手枪在他眼前晃动……

很快,巴顿的行为传到艾森豪威尔耳中,他说:“看来巴顿已经达到顶峰了……”

狂躁易怒的性格使本来很有前途的巴顿无法再进一步,面对有心理障碍的士兵,不是认真了解情况,加以鼓励,而是大打出手,完全失去了一个指挥官应有的风度修养,破坏了自己在人们心中的形象,因此失去了攀上顶峰的机会。

愤怒容易让人失去理智。愤怒的人把一点小事看得像天一样大,过于认真让他们夸张了自身受到的伤害。他们以为愤怒可以让自己在别人眼中更具有权威,其实不是这样的。他们不仅不会因为愤怒而被认为具有权威,反而会被认为缺乏理智,难成大气候。怒气会让你失去别人对你的敬意,人们会认为你缺乏自制力而更加轻视你。

学会控制愤怒是让自己心态平和最关键的一步,只有情商较低的人才会不懂控制怒火,成为怒气伤害的对象。对于怒火要学会自我疏导,而非一味克己忍让,只有让它用一个合适的渠道发泄才不会伤人伤己。情商的高低与人们对自我情绪的管理能力有莫大的关系,它将决定一个人成就的大小。

具体而言,我们可以采取以下方法来控制自己的愤怒:

正面行动。愤怒提醒了我们,世事并非都如人所愿。不满是一件极富正面意义的事,少了它,人们就只会接受现状,而不会为了迈向自己的目标采取任何行动。英国妇女如果未曾因自己被掠夺公权而感到愤怒,那么她们也就不会为了投票权而抗争了。

缓解压力。表达愤怒可以疏解压力,否则压抑的情绪可能会导致焦虑,甚至疾病,这些症状均可借由愤怒的宣泄得到疏解。然而这并不意味着,我们必须将愤怒直接发泄在生气的对象身上。

更为开诚布公。愤怒可以使得双方关系更开诚布公,进而互相信赖。如果你知道某人愿意和你谈谈最为棘手的核心问题,而非只是将其含糊带过，假装好像不存在似的，那么一股崇敬之情便会油然而生。

情感疏通。倘若我们在情绪产生时，能够确实触及自己真正的感受(包括愤怒在内)，并加以适当处理，那么我们则不会将那些未表达或封闭的情绪囤积起来，以避免巨大的内在压力或严重的沟通不良。

实现目标。不容忽略的是，存在于愤怒情绪中的能量，同样是一股实现目标的动力。如果运用得当，它将能够帮助我们成为一个有自信、坚定的人，能够适当地表达自己的内在感受，并且得到自己生命中梦寐以求的事物。但请务必谨慎处理。

哈佛学者告诉我们："生气，是一种毒药！"我们不能让自己的情绪只停留在问题的表面，我们必须学习转念、少点怨、多点包容，多洒香水、少吐苦水，让负面的情绪远离，而用乐观的正面思绪来迎接人生。

让我们斩除过多的欲望吧

托尔斯泰说："欲望越小，人生就越幸福。"这句话蕴含着深邃的人生哲理。它是相对于欲望越大，人越贪婪，人生越易致祸而言的。古往今来，在难填的欲壑中被葬送的贪婪者，多得不计其数。欲望使世界上少了一个天使，满足一个人的欲望，就使世界上少了一个生命。

皮克是地球上最快乐的叫花子。可是有一天，皮克脸上的快乐突然丢失了。那是因为，皮克在回破庙的路上捡到一袋金币，准确地说是99块金币。

第二天，皮克很晚也没有走出破庙，他要把这99块金币藏好，这真的需要费一番功夫。"这钱不能花，我得攒着。我要是拥有100块金币就好了。我要拥有100块金币。"从来没有什么理想的皮克现在开始有了理想。他还需要一块金币，这对一个叫花子来说，绝对是一个非常远大的理想。

自此起，皮克不讨饭糊口了，而是一分钱一分钱地讨钱，连续几天不吃不喝。皮克越来越忧郁，越来越苦闷，也越来越瘦弱了。终于有一天，皮克病倒了。这一病，皮克几天也没有起来。这几天里，皮克就想着一件事：还差16分就100块金币了。

“皮克，你没有收到我的金币？”突然，一个富商找到破庙里生命垂危的皮克。“什么？”皮克惊问。“皮克，你的快乐，是你的快乐救了我。三年前，我在一次买卖中赔尽了家产。我正准备自杀，我见到了快乐的你，我明白了身无分文的人也能快乐地生活。后来，我东山再起，赚了很多钱。那一次，我带着99块金币出来游玩，见到你，就把钱丢到了你要走的路上。可是你现在为什么还做叫花子呢？为什么不快乐呢？生了病为什么不拿钱去看医生呢？”“我想拥有100块金币。还差16分，就差16分。”富商从腰里取出一块金币给他。皮克笑了，然后就昏倒了。后来，皮克死了。

因为皮克有了99块金币的时候，就会希望有100块金币。这就是每个人都不可避免的贪欲，贪欲赶走了他的快乐。99块金币便夺去了一个人的快乐，与其说人的快乐太廉价，不如说是人的欲望太盛。

《伊索寓言》讲述了这样一则故事：有一次，孙子和祖父进林子里去捕野鸡。祖父教孙子用一种捕猎机，它像一只箱子，用木棍支起，木棍上系着的绳子一直接到他们隐蔽的灌木丛中。野鸡受撒下的玉米粒的诱惑，一路啄食，就会进入箱子，只要一拉绳子就大功告成了。

他们支好箱子藏起来不久，就有一群野鸡飞来，共有9只。大概是饿久了的缘故，不一会儿就有6只野鸡走进了箱子。孙子正要拉绳子，可转念一想，那3只也会进去的，再等等吧。等了一会儿，那3只非但没进去，反而走出来3只。

孙子后悔了，对自己说，哪怕再有一只走进去就拉绳子。接着，又有两只走了出来。如果这时拉绳，还能套住一只，但孙子对失去的好运不甘心，心想着还会有些野鸡要进去的，所以迟迟没有拉绳。

结果，连最后那一只也走了出来。孙子一只野鸡也没有捕到。

这个世界，物欲大无穷，而人生却太有限。一个人要想贪占天下所有的东西，灾难就要来了。做人必须要想透，人生一定要顿悟。物欲是没有止境的，一不小心会断送人的性命；轻一些的，会让你一生得不到快乐。

欲望过强和虚荣心有关。所谓虚荣心，是指一个人借用外在的、表面的或他人的荣光来弥补自己内在的、实质的不足，以期赢得别人和社会的注意和尊重。虚荣心是自尊心的过分表现，是为了取得荣誉和引起普遍注意而表现出来的一种不正常的社会情感，是一种很复杂的心理现象。

法国哲学家柏格森曾经这样说过：“虚荣心很难说是一种恶行，然而一切恶行都围绕虚荣心而生，都不过是满足虚荣心的手段。”对于个体而言，人们要及时对自己的虚荣心进行积极的调适。

在生活中要把握好攀比的尺度。比较是人们常有的社会心理，但要把握好攀比的方向、范围与程度。从方向上讲，要多立足于社会价值而不是个人价值的比较，如比一比个人在学校和单位的地位、作用与贡献，而不是只看到个人工资收入、待遇的高低；从范围上讲，要立足于健康的而不是病态的比较，要比成绩、比干劲、比投入，而不是贪图虚名、嫉妒他人、表现自己。

重视榜样的力量。从名人传记、名人名言中，从现实生活中，寻找榜样，努力完善人格，做一个“实事求是、不自以为是”的人。

做自己，不要受制于别人的评价。别人的议论、他人的优越条件，都不应当是影响自己进步的外因，决定需要的是自己的努力。只有这样的自信和自强，才不会被虚荣心所驱使，才能成为一个高尚的人。不要在意别人的议论，别人说你个子矮，你没必要非要穿增高鞋掩饰自己，别人说你穿着寒酸，你也不必非要用名牌把自己包装起来。要相信自己总有优点，不必为别人的议论乱了自己的方寸，掉进虚荣的陷阱里。

一个人要顺其自然地、平淡地看待物质的享受，得之无喜色，失之无悔色。什么都想得到的人，结果可能什么都得不到，甚至连自己已经拥有的也会失去。一个平淡对待自己生活的人，可能会意外地得到惊喜。

伊索说得好：“许多人想得到更多的东西，却把现在所拥有的也失去了。”这可以说是对得不偿失最好的诠释了。其实，人人都有欲望，都想过美满幸福的生活，都希望丰衣足食，这是人之常情。但是，如果把这种欲望变成不正当的欲求，变成无止境的贪婪，那我们就无形中成了欲望的奴隶。

哈佛学者说：“让我们斩除过多的欲望吧，将一切欲望减少再减少，从而让真实的欲求浮现。”

第七章　悦纳自我，高情商的生活

没有人是永远正确的

也许你曾经遭受过别人对你的恶意诽谤或者是深深的伤害，这些伤痛在你的心底一直未曾被抚平，你可能至今还在怨恨他，不能原谅他。其实，怨恨是一种具有侵袭性的东西，它像一个不断长大的肿瘤，使我们失去欢笑，损害我们的健康。怨恨所伤害的，更多的是怨恨者自己，而不是被仇恨的人。

哈佛学者认为，原谅自己的过失，给自己一次机会，这是高情商者的表现。面对错误，他们敢于认错，勇于承担责任，那么这种行为也会使他们显得与众不同，而且给人崇高、喜悦的感觉。历史上对罗勃·李有一段美丽的描写，那是皮凯特将军攻击盖茨堡失败之后，罗勃·李坦然负起责任，出来认错接受指责的感人经过。

盖茨堡之战，无疑是西方世界最光辉动人的一次战役。乔治·皮凯特将军本人，则是这场动人战争的灵魂人物。

皮凯特的军队毫无阻碍地向前进，他们穿过了果园和玉米田，越过了草原和峡谷。每逢遭到敌军袭击的时候，纵然死伤无数，但随后的人马立刻填补空缺，毫不退缩。整个丘陵成了一片火海，出现了有如火山爆发后的炽热场面。没多久，皮凯特的5000名兵将，已折损有80%之多。那些士兵都奋勇地冲上前去，越过石墙，用利刀戳进敌人的胸膛，用枪托击碎敌人的头骨，然后把南方军的旗帜插在战场上。

军旗只在那儿飘扬了一会儿。即使那只是短暂的一会儿，但却是南方军战功的辉煌记录。皮凯特的冲刺——勇猛、光荣，但是却是结束的开始。

南方的命运使李将军大感懊丧，震惊不已，他将辞呈送交南方的戴维斯总统，请求改派“一个更年轻、有为之士”。假如李将军要把皮凯特的进攻所造成的惨败归咎于任何人的话，他能够找出数十个借口：有些师长失职啦，骑兵到得太晚不能接应步兵啦，这也不对，那也错了……

但是李将军不愿意责怪别人。当残兵从前线退回南方战线时，李将军亲自出迎，自我谴责起来，“这是我的过失。”他承认说，“我，因我一个人，败了这场战斗。”历史上很少有将军有如此勇气和情操，自己独负战争失败的责任。

指出自己的不足，原谅自己的过失，在任何情形下，都要比为自己争辩有效。认为糟糕的状况全是由自己的缺点一手造成的，因而悔恨或者自暴自弃，无异于为自己套上绳索。因为，花时间处理后果比无谓地自我检讨或是自我怨恨更有作用。

坦然地面对自己的缺点，并非要你不在乎缺点的存在，或者干脆破罐子破摔，而是要你正视缺点的存在，不逃避，不沮丧，在以后的生活中努力改正，这才是积极的态度，也是唯一正确的态度。当你认识到这一点时，你会惊奇地发现，工作有时也是很轻松的。因为它让你明白了最重要的一点：你身为社会中的一员，没有必要扮演唯一聪明或者永远正确的角色。

原谅自己的过失更需要一颗宽大的心。

有一位好莱坞的女演员，失恋后，怨恨和报复心使她的面孔变得僵硬而多皱，她去找一位最有名的美容师为她美容。这位美容师深知她的心理状态，中肯地告诉她：“如果你不消除心中的怨和恨，我敢说全世界任何美容师都无法美化你的容貌。”由此可见，原谅不但是宽恕别人，更是宽容自己。唯有学着宽恕，忘记怨恨，才能抚慰你暴躁的心绪，弥补不幸对你的伤害，让你不再纠缠于心灵毒蛇的噬咬，从而获得心灵的自由。

哈佛学者告诫我们：生活中，不如意事十之八九，我们不能委曲求全，我们只要八度幸福即可。可是有时你会发现自己不快乐的原因，不是别人，而是你自己。面对你自己无大碍的小过失，你可曾试着原谅你自己呢？

所以我们要看到，自己原来也有很多的缺点，自己原来也有做错事的时候，自己本身并不是一个完人。而你原来认为不好的人，也有一些你没有的优点。所以，要学会看到自己的弱点，看到别人的优点。考虑问题时要试着从对方的角度出发，以求大同、存小异，这样你才能够善待他人，也善待自己。其次，你得承认，自己也得到过别人的宽容，自己也需要别人的宽容。这样一想，我们还有什么不能宽容他人的呢？

宽容别人的同时，自己也就把怨恨或嫉恨从心中排除掉了，也才会怀着平和与喜悦的心情看待任何人和任何事，会带着愉快的心情生活。所以，在生活的磨难中逐步学会宽容，能原谅他人的人，心里的苦和恨比较少。或者说，心胸比较宽阔的人，就容易宽容他人。

莎士比亚说："聪明的人永远不会坐在那里为他们的损失而悲伤，却会很高兴地去找出办法来弥补他们的创伤。"由于我们试图抓住一些无法挽回的不幸的事情，以及一些给我们带来痛苦、造成担忧和焦虑的事情，我们经历了多少折磨和痛苦！它们对我们是非常不利的，我们应该忘记它们，应该把它们打入历史的坟墓。不要因为担忧过去而错过了未来更好的机会。

活在他人的标准里终会迷失

舆论是世界上最不值钱的商品，每个人都有一箩筐的看法，随时准备加诸别人身上。不管别人怎么评价，都只是他们单方面的说法，有很多是没有经过认真思考的，事实上并不会对我们造成任何影响。说到评价，我们希望听到别人认真的评价，但不管别人怎么说，都不要太在意。随波逐流，闻风而动的人，恰是活在他人的价值标准里，终归会迷失自己。

一大清早，鹤就拿起针线，它要在自己的白裙子上绣一朵花，以显出自己的娇艳美丽，它绣得很专注。可是刚绣了几针，孔雀探过来问她："你绣的是什么花呀？""我绣的是桃花，这样能显出我的娇媚。"鹤羞涩地一笑。"干吗要绣桃花呢？桃花是易落的花，还是绣朵月月红吧！"鹤听了孔雀姐姐的话觉得有理，便把绣好的部分拆了改绣月月红。

正绣得入神时，只听锦鸡在耳边说道："鹤姐，月月红花瓣太少了，显得有些单调，我看还是绣朵大牡丹吧，牡丹是富贵花呀，显得雍容华贵。"

鹤觉得锦鸡说得对，便又把绣好的月月红拆了，重新开始绣起牡丹来。绣了一半，画眉飞过来，在头上惊叫道："鹤姐姐，你爱在水塘里栖息，应该绣荷花才是，为什么要去绣牡丹呢？这跟你的习性太不协调了，荷花是多么清淡素雅啊！"鹤听了，觉得也是，便把牡丹拆了改绣荷花……

鹤每当快绣好一朵花时，总有同伴提出不同的建议。她绣了拆，拆了绣，直到现在白裙子上还是没有绣上任何花朵。

故事中鹤的行为很可笑，但笑过后想想，我们自己是不是也经常这样：做事或处理问题没有自己的主见，或自己虽有考虑，但常屈从于他人的看法而改变自己的想法，人云亦云，随波逐流，一味讨好和迎合别人，而置原则于不顾？

所以做人千万不能像这只鹤一样，一定要有头脑，有自己的判断取向，不随人俯仰，不与世沉浮，这才是值得称道的情商品质。而随波逐流、闻风而动的人，恰是活在他人的价值标准里，终归会迷失自己。

有一位管理专家在谈到有关"成为一位领导者所必备的条件"时说过这样一段话："几乎每一个人都不断地告诉我们'应当保持普通而非卓越'。但是这种普通人是毫无发展潜力，做不成任何一件事情的。而领袖人物的定义即意味着在某一个群体中与众不同、才华突出的人。领导人物必须在某些方面有所突出才行。我们应当努力的，是要尽力使自己显得跟其他人有所不同，而不是跟其他人一模一样。"

胜负取决于自己的内心。有时，周围的人对你说："你能胜过他。"可是你心里很清楚你不如那个人，也没想过要和他决一胜负。反过来，周围人说："你不如他。"没准你心里在想：我一定能赢他。所以，做事也好，做人也罢，我们都要有自己的主见，不要太在乎别人对自己的看法。

世间任何事情都没有绝对，所以只要你心中看得开就行了，何必在乎别人怎么看、怎么说呢？如果我们以别人的看法为指南，存有这种潜意识，生活就会苦多于乐。毕竟无法尽如人意的事情太多了，如果只是为了别人而活，痛苦难过的就只有自己。

杰克是一位年轻的画家。有一次他在画完一幅画后，拿到展厅去展出。为了能听取更多的意见，他特意在他的画旁放上一支笔。这样一来，每一位观赏者，如果认为此画有败笔之处，都可以直接用笔在上面圈点。

当天晚上，杰克兴冲冲地去取画，却发现整个画面都被涂满了记号，没有一处不被指责的。他对这次的尝试深感失望。他把遭遇告诉了一位朋友，朋友告诉他不妨换一种方式试试。于是，他临摹了同样一张画拿去展出。但是这一次，他要求每位观赏者将其最为欣赏的妙笔之处标上记号。

等到他再取回画时，结果发现画面也被涂遍了记号。一切曾被指责的地方，如今都换上了赞美的标记。“哦！”他不无感慨地说，“现在我终于发现了一个奥秘：无论做什么事情，不可能让所有的人都满意，因为，在一些人看来是丑恶的东西，在另一些人眼里或许是美好的。”

不要让众人的意见淹没了你的才能和个性。你只需听从自己内心的声音，做好自己就足够了。哈佛学者说：自己的鞋子，自己知道穿在脚上的感受。我们无论做什么，一定要对自己有一个清楚的认识，不要轻易地被别人的见解所左右，这才是认识自己和事物本质的关键所在。

一味听信于人，便会丧失自己，便会做任何事都患得患失，诚惶诚恐，这种人一辈子也成不了大事。他们整天活在别人的阴影里，太在乎上司的态度，太在乎老板的眼神，太在乎周围人对自己的态度。这样的人生，还有什么意义可言呢？每个人都有自己的生活方式，我们不必为那一份没有得到的理解而遗憾叹惜。而那些高情商的人往往懂得坚持自我，以下是坚持自我的一些经验之谈：

对别人的看法要平衡，别人并非是先知先觉，他和你我都一样的平凡。

只要认准了方向，就要勇往直前，不要担心是否会引起别人的嫉恨。

选择不喜好闲言碎语的人为友，这将有助于你不再为“别人怎么说、怎么想”而发生恐惧。

在处理问题时，相信别人和你并无什么本质差异。

多想想自己的积极品质。

做人有两种可能，一种是像巴甫洛夫的狗，只听从外来的信息；另一种就是运用自己的脑子，选择能使自己变得更好的想法和做法。你做人是选择前者还是后者？

仪表是向外界展示自己的重要渠道

一个人的仪表包括容貌、风度、服饰、发型等直观的特征，其中有些特征受先天遗传影响，有些特征是后天形成的习惯，在较大程度上与人的经济状况、文化熏陶、个性特征等相关。哈佛每年都会给在校生开设一些仪容仪表的课程，使学生学习社交礼仪，以适应社会的需要。

一个人的仪表可以给观察者提供大量的信息，例如从面容可以推断其年龄、从戒指佩戴的位置可以推断其婚姻状态、从服饰的档次可以推断其经济状况等。

著名影星索菲亚·罗兰说："你的服饰往往表明你是哪一类人物，它们代表你的个性。一个与你会面的人往往自觉不自觉地根据你的衣着来判断你的为人。"

行为学家迈克尔·阿盖尔做过实验，他本人以不同的打扮出现在同一地点。当他身穿西服以绅士模样出现时，无论是向他问路或问时间的人大多彬彬有礼，而且看来基本上是绅士阶层的人；当他打扮成无业游民时，接近他的多半是流浪汉，或是来对火抽烟，或是借钱、借烟。

总之，人的服饰、发型等仪表特征为知觉一个人的年龄、职业、角色与身份提供了信息，并部分地反映出一个人的动机、性格等特征，在初次接触时，给人以鲜明的印象。

人们在对他人的仪表进行观察时总是倾向于美好的东西。仪表堂堂、风度翩翩、衣着整洁，会给人留下好的印象。而相貌丑陋、蓬头垢面、衣衫不整，会给人留下不好的印象。

有很多人都觉得仪表不重要，只要有能力有才干就可以了，殊不知有时候不注意仪表可能会影响别人对自己的印象，从而丧失很多机会。

有一个年轻人在面试时由于扣错了扣子，给面试官留下了很差的印象，尽管他在后来的面试中表现十分优秀，但他最终未被录取。助手问及原因，面试官说："一个连自己的仪表都不注重的人，很难相信他会在我们这里做好。"由此可见，一个人的仪表对人际交往有着很大的影响，人们往往会从一个人的仪表来判断一个人的个性和做事认真的程度。

仪表不仅仅关系到个人，有时它还体现了对别人是否尊重。

珍妮和劳拉同时到一家著名广告公司应聘美编，仅从两个人的作品上看，水平不相上下。不过珍妮在思路方面略胜一筹，因为她已做过3年的美编，两个人一起被通知参加试用，但只能留下一个。

珍妮上班时间从来都是一身T恤短裤的打扮，甚至光脚穿一双凉拖鞋，也不顾电脑室的换鞋规定，穿着鞋就往里走，还振振有词地说："以前公司里的人都这样。"相反，劳拉是第一次工作，多少有点拘谨，穿着也像她的为人一样——文静、雅致之外，带着少许灵气。她从来不通过发型、化妆来标榜自己是搞艺术的，只是在小饰物上显示出不同于一般女孩子的审美观，说话也温温柔柔的，十分可爱。

有一天中午，办公室弥漫着腥臭的味道，弄得所有人都互相用猜疑的目光观察对方的脚，想弄清到底谁是"发源地"。后来，大家听见窗台下面有响声，一看，原来那里放着一个黑色塑料袋，打开一看，居然是一大袋海鲜。众人的目光不约而同地集中到珍妮的身上，没想到她坦坦荡荡地说："小题大做，原来你们是在找这个。嗨，这可怪不得我，这里的海鲜一点都不新鲜。"这时劳拉端来一盆水："珍妮，把海鲜放在水里吧，我帮你拿到走廊去，下班后你再装走。"珍妮红着脸把袋子拎走了。

结果，试用期结束，珍妮背包走人，尽管她的方案比劳拉做得好，但是老板不想因为留下这样一个太没有风度的人而得罪一大批雇员。

仪表是微妙的东西，像珍妮那样的人因为不重仪表而抹杀了自己能力的锋芒。有的时候，仪表往往就是对人最有用的东西。

纽约一家极具规模的百货公司的人力资源部经理谈到他雇人的标准时说，他宁可雇用一个有可爱的微笑、小学还没有毕业的女孩子，也不愿意雇用一个冷若冰霜的博士。在我们涉足社会时，一定不要忘了带好仪表这封推荐信，否则当心别人买椟还珠——纵然你是颗灿烂的宝石，也可能被埋没。

一位著名的学者曾经这样说过，仪表有时候是内涵和思想的象征，意思是说人可以通过衣着打扮、举止风度等来向外界展示自己，一个知道怎么取悦别人情绪的高情商人士，往往都很注意自己的仪表。虽然有时候仪表仅仅是一些生活中的细节，但也正是这些小细节，可能会决定着一个人的机会和成败。

把自己的真实展现出来

经常听到有人感叹：唉！活得真累！这个"累"主要不是指身体累，而是指精神之累，因为做人太难。做人难，难就难在做一个普通人。这是因为，通常人的欲望很多，真正如愿的太少，所以就很难体会到生活中本已存在的快乐。怎能不累呢？不要和自己作对了，否则痛苦的只有我们自己。

有一天，一位教师来到一位整容医师的诊所。她对自己的脸孔感到很不满意，认为她的鼻子太长，下巴太软弱，耳朵又像招风耳，这一切都是她所不喜欢的。

医师仔细地望着她，认为她长得并不难看。她的问题就在于她把自己估计得太低。但医师还是动手术稍微改善了她的五官，但只是动了一些小手术，比她所要求的要少了很多。

医师对她说："身为一名整形医师，我只能替你动这些手术了。"她似乎很不高兴，但她一面打量着镜中的自己，一面以极度克制的声音说道："你并没有对我的脸孔做太大的改变。"

医师说："你的脸孔只须稍作改变，我都已经做了。现在你的脸孔一点毛病也没有了，唯一的问题是你使用脸孔的方式错了，你把它当作是一个面具，用来遮掩你的真实感觉。"她很伤心地低下头说："我已尽了最大的能力了。""我相信你，"医师说，"其实你不必和自己过不去，真实的自己不好吗？和自己作对，只会让自己更加痛苦。"

从此，这个老师再也不担心她的脸孔了，她觉得比以前轻松多了。她自认是一名更有人情味的老师了，她每天开心上班，开心下班，她完全放弃了那个忧虑的自我。

你有权保持你的真面目，不需要跟自己作对。你就是你，接纳真实的自我，这才是最好的选择，因为人性中总有不那么完美的一面，把自己的真实展现出来，而不是一味地掩饰，对自己不那么苛刻，让别人满意的同时也让自己满意，这也许是一种更为自然和谐的生活方式。

凯丝·达莉从小就喜欢唱歌，并且梦想当一名歌唱演员，但她的牙齿长得很难看，上下不整齐，她都不敢跟人说话，怕别人笑话她。有一次，她在新泽西州的一家夜总会演出，在整个过程中，她总是试图把上唇拉下来盖住丑陋的牙齿，结果洋相百出，台下的观众看后都哈哈大笑。凯丝·达莉不知所措，而且糟糕的是，她越掩饰，洋相出得越大，最后连歌词都忘了。演完之后，凯丝·达莉伤心地哭了，她是那么喜欢唱歌，可是自己却那么不争气。

这时候，台下的一位老人对她说："孩子，你很有天分，坦率地讲，我一直在注意你的表演，我知道你想掩饰的是你的牙齿，难道长了这样的牙齿一定就丑陋不堪吗？干吗要跟自己过不去呢？听着，孩子，观众欣赏的是你的歌声，而不是你的牙齿。张开你的嘴巴，大声地唱出来！"

凯丝·达莉接受了老人的忠告，不再去注意牙齿，不再跟自己的缺陷作对，从此，她只想着她的观众，她张大嘴巴，热情而高兴地唱着，最后她成了一流的明星。

每个人都是独一无二的，我们要学会接纳自己、喜爱自己，千万别将自己关进自设的心理牢笼中。现实生活中，有很多烦恼的人，对他们来说，忧烦似乎成了一种习惯。有的人对名利过于苛求，得不到便烦躁不安；有的人性情多疑，老是无端地觉得别人在背后说他的坏话；有的人嫉妒心重，看到别人超过自己，心里就难过；有的人把别人的问题揽到自己身上自怨自艾，这无异于引火烧身。

如果一个人做了99件漂亮的事而只做了一件不太完美的事，他就会对这一件事耿耿于怀。但是正如一位哲人所说：过于苛求完美，反而会使自己变得一事无成，更谈不上建立坚定的自信心了！那么，如何才能做到不再苛求自己呢？怎么能做到不和自己作对呢？

消除不合实际的期望。回想自己是否曾经得到这样的信息："你做得还不够好。"你是否曾经因为听写得了95分而兴高采烈地回家，而你的父母却因为你没有考100分而很失望？想一想，这么多年来你一直抱着这些期望不放，不断打败自己，到底有什么益处？其主要作用是鼓励你还是打击你？

现在就解放自己。写出自己的解放宣言，宣布从现在起，永远从那些过时的期望中解脱出来。将所有那些旧观念都写出来，庆祝你找到了新的目标。经常查看自己的进步情况，一有进步就要奖励自己。

每次你要批评自己的时候，立刻将它变为赞扬。既然你常常对自己说话，那么利用这个机会树立自信，而不是打击自己。一天结束后，你也可以将今天那些结果很好的事情记下来，将它们记在一页纸上。而在另一页纸上，记录结局不如意的事情。将两页纸进行比较，看哪一页纸上的事情更多。坚持下去，你就会发现，在你身上结果好的事情会越来越多，而结局不如意的事情则会越来越少，甚至会消失。与此同时，你的自信心也就建立起来了。

跟自己过不去的真正病源，应当从内心去寻找。大凡终日忧烦的人，实际上并不是遭到了多大的不幸，而是在自己的内心素质和对生活的认识上，存在着片面性。聪明的人即使处在忧烦的环境中，也往往能够自己寻找快乐。因此，当受到忧烦情绪袭扰的时候，就应当自问为什么会忧烦，从主观方面寻找原因，学会从心理上去适应你周围的环境。

所以，请记住：别跟自己过不去。

放大优点，缩小缺点

正视自己的缺点，才能真正地认识自己。这正是哈佛一贯秉承的教育理念。哈佛教授斯蒂芬杰·古尔德说，人不可能没有缺点，一个伟大的人善于放大优点，缩小缺点，失败的人往往因为自身的缺点而败了一生。斯蒂文森说："我们什么时候能够看清自己不如人的地方，那就是对生命真正有信心的时候。"

有一位教授带着孩子去一个卖面的小贩那里吃面。这里的生意非常好，原因是卖面的小贩有一手好功夫。这时，只见卖面的小贩把油面放进烫面用的竹捞子里，一把塞一个，很快就塞了十几把，然后他把叠成长串的竹捞子放进锅里烫。接着他又将十几个碗一字排开，放佐料、盐、味精等，随后捞面、加汤，做好十几碗面的过程竟用了不到5分钟的时间，而且还边煮边与顾客聊着天。教授和孩子都看呆了。

当他们从面摊离开的时候，孩子突然抬起头来说："爸爸，我猜如果你和卖面的比赛卖面，你一定输！"对于孩子突如其来的谈话，教授莞尔一笑，立即坦然承认，自己一定输给卖面的人。教授说："不只会输，而且会输得很惨，我在这世界上是会输给很多人的。"

人无完人，金无足赤。没有一个人是完美无瑕的，难道有缺点和不足就注定要悲哀，要默默无闻，无法成就大事吗？其实，只要你把"缺陷、不足"这块堵在心口上的石头放下来，别过分地去关注它，它也就不会成为你的障碍。假如能善于利用你那已无法改变的缺陷、不足，那么，你仍然是一个有价值的人。

亨利3岁时被高压电流击伤，因双臂坏死而截肢致残。在这之后，父母将他送到附近的一座残疾人孤儿院里，他在那里整整住了16年。亨利很爱学习，开始时亨利用嘴叼着笔写字，由于离纸太近眼睛疼痛，于是他改用脚写字，他在孤儿院坚持上完了中学。

回到故乡后，亨利开始边工作边学习，他在一个师范学院学习文学专业，他和大学生们一样要做作业，通过各门测验和考试。通过训练，亨利能够自己照顾自己的生活了，他能够处理一些简单的家务。

后来，亨利成了家，他的妻子琼斯说："亨利很聪明，要是有什么事情做不了，他就会琢磨该怎么办。他是一个优秀的绘图员，他会修各种电器，搞得懂所有的线路。他总是一刻不停地干这干那，他还改过裙子呢，又是量，又是画线，又是剪，最后用缝纫机做好。在家乡他挺知名的，一天到晚总是吹着口哨或哼着歌儿，是个无忧无虑的快乐人。"

亨利喜欢唱歌，参加过巡回演出团，他常常到孤儿院去义演。他和他16岁的儿子一起录制磁带送给朋友们。他靠600美元的退休金和妻子微薄的工资生活，十分清苦。但是，对于他来说，他是幸福的。

亨利知道自己的缺陷，他没有自卑，而是做了正常人都无法去做的事情。很多年轻人都喜欢追求完美，喜欢在一种唯美的思绪里畅想自己的未来。但是，生活中，又有多少事物能像韩剧中那么完美呢？人没有完美的，总会有这样或那样的缺点，重要的是，我们要把不足与缺陷化为动力，去实现自己的梦想。

我们每个人的天赋条件都有优势和劣势两个方面，于是世界上出现了三种人：第一种人，看不到自己的优势，无法取得成功；第二种人，整天沉浸在优越感之中，不去积极行动；第三种人，从来不会只盯着自己的劣势抱怨，他们会用正面的、积极的眼光看世界，因为他们知道，当你抱怨鞋子不合脚的时候，很多人还光着脚呢。

我们每个人都应该知道一件事：这个世界上没有十全十美的人！我们自己和我们的同事、朋友，以及长辈、上司都是普普通通的凡人，身上有缺点、犯错误或是对问题束手无策，都是在所难免的。这一认识有助于指导我们正确地看待自己的缺点与劣势，并接纳不完美的自己。唯有真心诚意地接纳自己的人，才能正确对待自己的缺点，才能克服外界的阻力取得成功。

在离戴尔家一分钟行程的地方，是片未开发的原始森林。戴尔常带着小猎犬雷克斯到森林里散步，由于一向很少在森林公园内碰见其他人，也就不使用皮带或口罩，而让小狗自由奔跑。

一天，戴尔和他的狗在森林里碰见一位骑警，那位警察显然很想表示一下自己的权威。

“为什么让这只狗到处乱跑？为什么不用皮带或口罩？你知道这是犯法的吗？”他指责道。“是的，我知道。”戴尔温和地回答，“我以为在这种荒无人烟的地方，不会有什么危险。”“法律可一点也不在意你怎么以为。这只狗很可能会咬伤小孩或松鼠，知道吗？我这次不处罚你，下次如果让我看到了，一定罚你。”

一日下午，戴尔又带了雷克斯到森林里去，还是没给狗带上口罩，忽然，他又见到那位法律赋予权威的骑警，戴尔被逮个正着。所以不等骑警开口，戴尔便抢先发言：“警官先生，我是被你逮个正着，罪证俱在，我接受你的处罚。”“是啊，我是这么讲过。”骑警的语气相当温和。戴尔回答：“我又违反了法律的规定。”“啊，一只这么小的狗，应该不会伤到什么人。”骑警不表示同意。“但它可能咬伤小松鼠。”戴尔又说道。“啊，别把事情看得太严重了。”警察告诉戴尔，“我告诉你怎么办，把这只小狗带到我看不见的地方去。”

本来应该被罚款的戴尔，由于主动说出自己的错误，反而得到了骑警的谅解。为什么会这样？原因很简单——当戴尔一再谴责自己的时候，对知错就改的戴尔采取一种宽大的态度比为此惩罚他更能满足骑警的自尊心。即刻承认错误，毫不掩饰，也毫不退缩。很多事情就能在彼此立场对换的情况下，完满结束。

当一个人将自己的缺点或不足坦然地呈现于自己与他人面前时，其结果也许不会像他预先设想的那么糟。人们不但不会看不起他，反而会感受到他的真诚。如果逃避缺点，缺点就会不断地强大起来，以至于使我们在人生的重大问题上犯下错误。

至此，我们可以发现这样一个哲理：“认识自己”是人们智慧的表现，

“了解自己”是人生成功的敲门砖，“坦然面对自己的缺点，并接纳不完美的自己”则是我们走向成功的重要保障。

接受现实是成熟的标志

泰戈尔说：“不要让我祈求免遭危难，而是让我能大胆地面对它们。”生活中，我们会遇到许多不公平的经历，而且许多都是我们无法逃避的，也是无从选择的。我们只能接受已经存在的事实并进行自我调整，抗拒不但可能毁了自己的生活，而且也会使自己精神崩溃。因此，人在无法改变不公和不幸的厄运时，要学会接受它、适应它。

世界上很多东西都不是完美的，而这些不完美也就造成了人间的烦恼甚至悲剧。我们必须接受无法改变的现实，要想在自己有限的生命中做一点事情，首先就应该认识到人生有限、时光飞逝的现实，这样才是成熟的标志。

事情既然如此，就不会另有他样。

我们迟早要学的东西，就是必须接受和适应那些不可避免的事实。

快乐之道无他——我们的意志力所不及的事情，不要去忧虑。

托尔斯泰在他的散文名篇《我的忏悔》中讲了这样一个故事：一个男人被一只老虎追赶而掉下悬崖，庆幸的是在跌落过程中他抓住了一棵生长在悬崖边的小灌木。

他感谢上天没有让他这么死掉，但是此时还有很多的危险，他发现，头顶上那只老虎正虎视眈眈，低头一看，悬崖底下还有一只老虎，更糟的是，两只老鼠正忙着啃咬悬着他生命的小灌木的根须。

绝望中，他突然发现附近生长着一簇野草莓，伸手可及。于是，这人摘下草莓，塞进嘴里，自语道：“多甜啊！”

虽然故事的主人公身处绝望之中，但他能勇敢地接受现实，并能找到短暂的快乐。生命进程中，当痛苦、绝望、不幸和危难向你逼近的时候，你是否还能享受一下野草莓的滋味？接受残酷的现实让你迅速成长，变得成熟。

英格兰的妇女运动名人格丽·富勒曾将一句话奉为真理，这句话是："我接受整个宇宙。"是的，你我也应该能接受不可避免的事实。即使我们不接受命运的安排，也不能改变事实分毫，我们唯一能改变的，只有自己。成功学大师卡耐基也说："有一次我拒不接受我遇到的一种不可改变的情况。我像个蠢蛋，不断做无谓的反抗，结果带来无眠的夜晚，我把自己整得很惨。终于，经过一年的自我折磨，我不得不接受我无法改变的事实。"

你可能没有显赫的家庭，没有名校的学历，没有出众的外貌……但这一切都没有关系，这是你的现实，是你不管怎样都无法重新设计的，但是你还有无限的空间和足够多的机会去改变这一切。如果你连现实都无法看清，又如何脚踏实地地改变这一切？

面对现实，并不等于束手接受所有的不幸。只要有任何可以挽救的机会，我们就应该奋斗。但是，当我们发现情势已不能挽回时，我们最好就不要再思前想后，拒绝面对，要接受不可避免的事实，唯有如此，才能在人生的道路上掌握好平衡。

已故的布什·塔金顿总是说："人生加诸我的任何事情，我都能接受，只除了一样，就是瞎眼。"然而，在他60多岁的时候，他的视力在减退，有一只眼睛几乎看不见了，另一只离失去视力也为期不远。他唯一害怕的事情终于发生。

当塔金顿完全失明之后，他说："我发现我能承受我视力的丧失，就像一个人能承受别的事情一样。要是我5种感官全丧失了，我知道我还能够继续生存在我的思想里，因为我们在思想里也能够看，在思想里也能够生活，不论我们是不是知道这一点。"

塔金顿为了恢复视力，在一年之内接受了12次手术，为他动手术的是当地的眼科医生。他有没有害怕呢？他知道这都是必要的，他知道他没有办法逃避，所以唯一能减轻他受苦的办法，就是爽爽快快地去接受它。

他拒绝在医院里用私人病房，而住进大病房里，和其他的病人在一起。

他试着去使大家开心，而在他必须接受好几次手术时——而且他很清楚地知道在他眼睛里动了些什么手术——他只尽力让自己去想他是多么的幸运。“多么好啊！”他说，“多么妙啊！现在科学的发展已经达到了这种程度，能够为人的眼睛这么纤细的东西动手术了。”

这件事说明了一个道理：瞎眼并不令人难过，难过的是你不能忍受瞎眼。是的，有些人一旦遇到困难，首先自暴自弃，不肯面对现实，其实如果我们换一个角度去看的话，我们会发现接受它比逃避它更容易让人成熟。

哥伦比亚大学已故的迪安·霍克斯告诉我，他曾经作过一首打油诗当作他的座右铭：

天下疾病多，数也数不了，

有的可以医，有的治不好。

如果还有医，就该把药找，

要是没法治，干脆就忘了。

荷兰阿姆斯特丹有一座15世纪的教堂遗迹，里面有这样一句让人过目不忘的题词：“事必如此，别无选择。”命运中总是充满了不可捉摸的变数，如果它给我们带来了快乐，当然是很好的，我们也很容易接受。但事情却往往并非如此，有时，它带给我们的会是可怕的灾难，这时如果我们不能学会接受它，反而让灾难主宰我们的心灵，那生活就会永远地失去阳光。

日本的柔道大师教他们的学生“要像杨柳一样柔顺，不要像橡树一样挺拔”。

在曲折的人生旅途上，如果我们能够承受挫折和颠簸，我们就能活得更加坚韧，我们的人生之旅就会更加顺畅。

如果我们不接受这些曲折，而是去反抗生命中所遇到的挫折的话，我们会碰到什么样的情形呢？答案非常简单，会产生一连串内在的矛盾，我们会忧虑、紧张、急躁而神经质。“对必然之事，且轻快地加以承受。”这句话从古时候就流传开了，但是在这个充满忧虑的世界，今天的人比以往更需要这句话。

有些人追求完美，对不完美的事不肯面对，完美在很多时候都是做人做事的最高理想、最高境界，可等你真的向那个目标进发的时候，你会发现其实现实并不是你所想象的那样美好。“完美本身其实就是一种不完美”，因为过多地苛求自己不但会影响到自己的发展，使得自己过于劳累，心灵过于疲惫，同时在追求的过程中也会让周围的人的身体跟着同样地劳累，心灵同样地疲惫。完美主义是一种枷锁，借着完美作威作福。

不要奢望“鱼和熊掌兼得”的完美，有时候完美并不等同于美丽，却恰恰是缺憾的验证，让我们不能接受事实，也不能满足于现状，以至于减少了很多快乐的机会。

注重对个性的培养

哈佛人之所以能够通过不同的方式成功，就在于他们十分注重对自己个性的培养。

个性是体现一个人人格魅力的重要方面，它对人在交往活动中会产生一定的影响。如果一个人外表漂亮，但却丧失了自我，只会人云亦云、随波逐流，丝毫没有自己的个性，在与这样的人交往时，可能一开始我们会被他们的外貌迷惑，但时间久了，我们可能就会失去进一步了解他们的兴趣。而一个充满个性魅力的人往往就像陈年的老酒，越品越香，使人们越来越愿意与其交往。一个人的外貌、才华固然在社会交往中有一定优势，但一个人的个性品质在社会交往中更重要。

但是，并不是所有的人都愿意展示自己的个性魅力，人们往往会因为自卑或其他原因不敢显露，久而久之，不但没有使自己发展出有魅力的个性，反而还可能丧失自己原有的优势性格，让人十分可惜。

其实人生的舞台像一座花团锦簇的花园，既有富贵的牡丹，也有娇艳的玫瑰，鸢尾在墙角静静绽放，郁金香诉说着热烈的爱。在这娇艳芬芳的世界里，一盆长满刺的仙人球也有自己独特的魅力。

所以，千万不要随波逐流地放弃你的个性，它的魅力是你汇聚力量的重要法宝。不要被世俗的审美和偏见所束缚，只有没有力量保护自己个性的人才会在尖锐的批判或者无端的蔑视中割舍自己的个性。那些可怜的人，自以为由此得到了大众的认可，却不知道失去棱角的自己已经沦为他人观点的奴隶。

失去自我、个性，这是多么惨痛且难以弥补的损失！

有一个美丽的果园，里面种着苹果树、橘子树、梨树、橡树，浪漫的园丁甚至在围墙边种上了玫瑰花。这里真是一个幸福的天堂，每一个鲜活的生命都是那么生机盎然，它们相依相伴，每天都尽情地享受着大自然的清新、生活的无穷乐趣，满足地生活在这一方小小的天地之中。

可是，在这之前的一段时间里，果园里的情形却并非如此，有一棵小橡树终日愁容满面。可怜的小家伙一直被一个问题困扰着，它不知道自己是谁。大家众说纷纭，更加让它困惑不已。

苹果树认为它不够专心："如果你真的尽力了，一定会结出美丽的苹果。"

玫瑰说："别听它的，开出玫瑰花来才更容易，你看我多漂亮。"

失望的小橡树越想和别人一样，就越觉得自己失败。

一天，一只百灵鸟飞进了果园里，他看到小橡树在一旁闷闷不乐，便上前打听。听完小橡树的倾诉，它说："世界上许多人面临着同样的问题，让我来告诉你怎么办吧！不要再把生命浪费在去变成别人希望你成为的样子上，你就是你自己，你永远无法变成别人，更没有必要变成别人的样子，你要试着了解你自己，做你自己。所以，从现在开始，你要聆听自己内心的声音，发展自己的个性。"说完，百灵鸟就飞走了，留下了小橡树独自思考。

它思来想去，也没有得到答案。清晨，当第一缕阳光照射到它的身上，一滴露水从树梢的一片叶子上滴落，落在小橡树脚下的石板路上，发出了清脆的声音。刹那间，它茅塞顿开，听到了内心的声音："你永远都结不出苹果，因为你不是苹果树；你也不会每年春天都开花，因为你不是玫瑰。你是一棵橡树，你的命运就是要长得高大挺拔，给鸟儿们栖息，给游人们遮阴，创造美丽的环境。你有你的使命，去完成它吧！”

小橡树终于快乐起来了，很快它就成长为一棵参天大树，为园中的幼苗遮蔽风雨，成为林中鸟儿的天堂，也赢得了大家的认可和尊重。

我们可能都曾经像这棵小橡树那样迷茫过，但是综观那些成功人士，他们往往并不是说有多高的智商或者多好的机会，而是找到了自己真实的个性，并把它发挥到了极致。如果我们愿意正视我们的个性，我们也不用羡慕他人，因为我们也可以像他们那样，成为一个充满个性魅力的人。因为每个人都是独立的、别具特色的那一个。就如特赖因一直信仰的那段话一样：真我高于一切，无论白天还是黑夜，我就是我，无论面对任何人，我就是我。

但是我们必须明白一点，在我们发展自己个性的时候，我们要摒弃掉那些让人厌恶的个性，发展出让别人喜欢的个性。从这个意义上来说，让人感觉舒服的成功人士往往是那些不但拥有个性，而且是拥有良好个性的人。

诺尔曼·安德森在1968年曾进行了一次研究，他共列出555个描写人个性的形容词，让被试指出他们在多大程度上喜欢一个有这些特点的人。研究结果表明：被试评价最高的品质是真诚和真实，而评价最低的是说谎和虚伪。在这两个极端之间，包含着很多良好的个性，如热情、忠诚、慷慨、有教养、体贴等。

人格优秀、个性良好的人，不仅到处受人欢迎，而且到处能得到别人的扶助。也许他们没有雄厚的资产，但其在事业上成功的机会，较之那些虽有资产却缺乏良好个性吸引力的人要大得多。

因此，不管遭遇怎样的环境，我们都要像哈佛人那样，时时不忘发展自己的良好个性，毕竟人生中最大的事，不是赚钱，而是要把我们内在的最高力量、最真善美的天性，充分地发挥出来。这样，我们就能像磁铁一样，成为有吸引力与受人欢迎的人，从而吸引你所愿意吸引的任何人到你的身旁，赢得友谊、关爱和帮助，为自己的成功做好铺垫，从另一个方面来讲，这也是一种成功。

第八章　跨越人性的弱点

自尊是不断向上的原动力

自尊这种情感承认自己的尊严，不容许别人歧视或侮辱自己。自尊是自我意识的一种具体表现，也是一种积极的行为动机，它有助于克服各种困难和自身的弱点，取得成功。一个人要得到别人的尊重，首先必须自尊、自爱、自重。

临近大街的阳台上，站着一位美丽动人的女郎，引得路人禁不住抬头看上两眼。一位青年途经此处，他被女郎的美貌深深吸引，便与她搭讪，向她表明爱意，说自己对女郎一见钟情，想与女郎交往。

女郎高傲地说："如果你真的爱我，请在阳台底下待上100天，我自会下楼会你。"青年二话不说，拿把椅子坐了下来，等女郎。

时间一点一滴地过去了，那个青年每天都在阳台底下待着，等女郎心动，可是过去了一大半的时间，女郎还是没有动静。但是青年不管刮风下雨都一如既往。

99天过去了，再有一天就要到期，女郎从窗边偷视那3个月来都纹丝不动的青年，大受感动。就在女郎要出去见青年的时候。突然女郎惊呆了，只见那个"忠诚的骑士"缓缓地直起身，夹起椅子，若无其事地走了。女郎顿时晕倒，她错过了一个好男人。

这位青年恰如其分地表达了自己的深情，又恰如其分地保留了自己的尊严。伟大的思想巨匠卢梭，曾在他的一篇著名演讲词中，诠释了自尊的力量。他说："自尊是一件宝贵的工具，是驱动一个人不断向上发展的原动力。它将全然地激励一个人体面地去追求赞美、声誉，创造成就，把他带向他人生的最高点。"

在英国女作家夏洛蒂·勃朗特的《简·爱》中，穷女孩简·爱面对自己的雇主——富有的罗切斯特，如此宣言：我的心灵与你一样高贵，我的心胸和你一样充实！我不是根据习俗、常规，甚至也不是血肉之躯同你说话，而是我的灵魂同你的灵魂在对话！彼此平等，本来就如此。她就是这样自尊地向等级森严的英国社会发出坚定有力的呼喊和挑战。

研究现在很多高情商的人，可以看出强烈的自尊是他们共同的特点，他们中的许多人在幼年时就意识到自我价值。真正的成功者，在体育运动、商业、艺术等各个生活领域中，都有着自己的独到见解，有着很强的自我价值感和自信心。他们希望别人了解自己，把这看成是有意义的事。他们非常自然地吸引着朋友和支持他们的人，这些人很少是孤独的。“我喜欢我自己，我真的非常喜欢我自己。不论我父母说的，还是我自己的感觉都是这样。我非常高兴我是我自己。我愿意成为我自己，而不愿是历史上任何时代的别人。”这种正面的自我暗示，是培养自我尊重的重要部分。

美国政治家、科学家富兰克林说：“站着的农夫要比跪着的绅士高得多。”澳大利亚作家柯林斯托姆说：“虽然尊严不是一种美德，却是许多美德之母。”俄国文艺批评家别林斯基也说：“自尊心是一个灵魂中的伟大杠杆。”

可见，尊严是一个人灵魂的骨架，一个人一旦失去尊严，他所剩下的也只是人的一副躯壳。在现实的浊流中，我们渐渐地磨掉了个性的棱角，学会了怯懦、世故和圆滑。太多的时候，是我们自己轻易丢掉了自己的尊严。

自尊是对自己的一种敬意，它教会了一个人要有尊严，要爱自己的肉体和灵魂，要肯定自己，要将自立放在重要位置，而不是依靠他人，接受他人的施舍。自尊的人非常尊重自己，正是因为自己尊重自己，根据同样的法则，他也尊重他人。同样的，他也因此博得他人的尊重。

拉哈布正走着，一位黄包车夫来到他身边。车夫摇着铃铛，问道：“先生，您要车吗？”拉哈布转过头去，发现那个人瘦得皮包骨头。“只有那些没人性的家伙才会以人力车代步。”因此，他连声说道：“不，不，我不要。”一面继续走自己的路。

黄包车夫拉着车子跟在他后面，一路不停地摇铃。突然间，拉哈布的脑子里闪出一个念头：也许拉车是这个穷人唯一生存的手段。拉哈布心里顿时对他生出了怜悯之情。黄包车夫摇着铃铛,又招呼拉哈布道:“先生!您要去哪里?”“去希布塔拉,你要多少钱?”“6便士。”“好吧,你跟我来!”拉哈布·萨卡尔继续步行。“请上车,先生。”“跟我走吧!”拉哈布加快了脚步,拉黄包车的人跟在他后面小跑。

到了希布塔拉,拉哈布·萨卡尔从衣兜里掏出6便士递给黄包车夫,说:“拿去吧!”“可您根本没坐车呀。”“我从不包车,我认为这是一种犯罪。把这钱拿去吧,它是你应得的!”“可我不是乞丐!”黄包车夫拉着车,消失在街道的拐角处。

这个黄包车夫是有尊严的,他用自己的劳动换来金钱,这是心安理得的。当拉哈布给他施舍的时候,黄包车夫的一句“可我不是乞丐”捍卫了他的尊严。

一个人一旦失去自尊,他便不能自爱。连自己都不尊重的人,又怎么能够获得尊严?鄙视自己、轻视自己的结果,只能是失去健康、独立的人格,让自己变成一个自私自利的小人。理由很简单,如果他不爱自己,不相信自己,他也不可能爱他人和相信他人,他还会设法通过牺牲他人的利益来大肆攫取,以弥补那些令人绝望的个人空虚感和挫折感。自我尊重是通向成功和幸福的必经之路,无条件地热爱自己,因为你就是你,是世上独一无二的人。

在日常生活中,自尊心是一个非常流行的概念,它指的是人们赞赏、重视、喜欢自己的程度。自尊心通常是指一个人对自己价值、长处、重要性的情感上的总体评价。而自尊心也在一定程度上反映了实际自我与理想自我之间的差异,差异越小,自尊心则越强。

打开心门,走入人群

什么是自闭?

自我封闭是指个人将自己与外界隔绝开来，很少或根本没有社交活动，除必要的工作、学习、购物以外，大部分时间将自己关在家里，不与他人来往。自我封闭者都很孤独，没有朋友，甚至害怕社交活动。

每个人在生活及成长的过程中都会遇到一些挫折，这些挫折常常会引起个人的焦虑。有些人抗挫折的能力较差，使得焦虑越积越多，最后只能以自我封闭的方式来回避环境，降低挫折感。

自我封闭行为之所以会产生，往往与生活中所遭遇的挫折有关。有些人在生活、事业上遭到挫折与打击后，精神上受到压抑，对周围环境逐渐变得敏感，变得不可接受，于是选择封闭在自己的世界里。但人毕竟是社会性动物，难免会与别人发生这样或者那样的联系，所以一直封闭自己，必定会给生活带来很多不必要的麻烦。

我们知道，封闭者闭塞保守、安于现状，他们的格局很小很小，不利于人生篇章的舒展。毫无疑问，我们最好不要被时代牵着走，而是打开自己，走在时代前沿。封闭者想改变自己落后于时代的状况，可以从以下三个方面来改变自己。

要改变观念，顺应时代潮流。很多封闭保守者身上都有浓重的封建思想的痕迹，再加上有些人不善于变通，使得他们在现代化的商业社会中，以社会现实作为参照时，在生存观念上显出了些许的陈腐。善于与人交往，多与人交往，我们才能不断从别人那里学到东西，获得进步的机会。

需要培养冒险精神。培养冒险精神、克服恐惧感是培养健康心态的重要内容。冒险精神并非与生俱来，多半是由训练而来的，经由冒险、失败，再冒险、再失败，一步步锻炼出来的。勇于冒险的人，并非不惧风险，只是因为他们能认清风险，进而克服对风险的恐惧。

要充满热情。有一位成功学专家提醒我们："做你爱做的事，财富自然会滚滚而来。"当我们对我们所做的事情怀有热情时，成功自然会随之而来！对生命和工作的热情，是获得成功及财富的关键。因此，我们也不妨问问自己的心，自己到底想要的是什么。当你追随自己的心，当你发现真正滋润你灵魂的是什么时，一种充满喜悦的人生就在转角处等着你了。

现代社会，人际关系就像是一盏灯，在人生的山穷水尽处，指引给你柳暗花明又一村的繁华。所以，与世隔绝、独处一室是非常不明智的，它只会阻碍自己的发展。

人性中天然带有很大的自闭倾向。人总是习惯于埋藏自己、封闭自己，将心门关得死死的。把心灵的窗户打开，外面的阳光就会照射进来；把封闭的心门敞开，灿烂的阳光就能驱散人性中的阴霾。生活中真有那么多的烦恼吗？其实，许多事并没有想象中那么严重，只是我们把它放大了而已。我们要学会对自己说“没关系”，这样我们的生活里就会常常充满开怀的笑声。

想要拥有美好的人生，就一定要打开自己的心门，走入人群，沐浴群体阳光。为此，我们应该尽量做到以下几点：

要乐于接受自己，有时不妨将成功归因于自己，把失败归结于外部因素，不在乎别人说三道四。

要提高对社会交往与开放自我的认识。交往能使人的思维能力逐步提高并得到完善；交往能使人的思想观念与时俱进；交往能丰富人的情感，维护人的心理健康。一个人的发展高度，由自我开放、自我表现的程度决定。克服孤独感，就要把自己向交往对象开放。既要了解他人，又要让他人了解自己。

要顺其自然地生活。不要为一件事没按计划进行而烦恼，不要对某一次待人接物做得不够周全而自怨自艾。如果你对每件事都精心对待以求万无一失的话，你就不知不觉地把自己的感情紧紧封闭起来了。应该重视生活中偶然的灵感和乐趣，快乐是人生的一个重要标准。有时让自己高兴一下就行，不要整日为了目的、为解决一项难题而奔忙。

不要为真实的感情刻意去“梳妆打扮”。如果你和你的挚友分离在即，你就让即将涌出的泪水流下来，而不要躲到盥洗室去。为了怕别人道短而把自己身上最有价值的一部分掩饰起来，这种做法没有任何意义。

别在自负里毁了自己

自负心理就是盲目自大，过高地、不切实际地评估自己的能力，孤傲、自大是他们惯有的常态，但是自负最终会让人付出惨重的代价。

莎士比亚在他的戏剧中疾呼："拒绝命运，嘲笑死亡，只抱着野心，把智慧、思想、恐怖都忘却，正如你们所知，自负是人类最大的敌人。"一个过于自负的人，结果总是在自负里毁灭了自己。

有一位哲学家说过："一个人若种植信心，他会收获品德。"而一个人若种下自负的种子，他必将收获众叛亲离的果子，甚至带来不可预知的危险。荷兰哲学家斯宾诺莎说："自负与自卑都表示心灵的软弱无力。"而内心的软弱往往就会葬送你的一生。

美国哲学家、科学家富兰克林早就说过："自负是一个人要除掉的恶习。"既然自负会成为我们性格上的弱点，会阻碍我们前进的脚步，那么，我们就应该培养良好的习惯去克服它，不让它滋生壮大。

要时刻反躬自省。自负者往往是习惯沉浸于虚无的胜利中的幻想者，眼前显现的、耳边响动的永远是早已逝去的昔日的鲜花与掌声。他们不能静下心来想一想自己今天都做了些什么，都收获了什么。如果一个人能经常进行自我反省，那么他就不会有自负心理了；如果一个人能不断地提高对自己的要求，那么他就能把昔日的成功化作今日前进的动力了。

要以发展的眼光看待自负。既要看到自己的过去，又要看到自己的现在和将来，辉煌的过去并不能代表现在，也不能预示将来。

自负心理使人们过高地估计个人的能力，失去自知之明。心高气傲的人，有的自视过高，总爱抬高自己贬低别人，把别人看得一无是处，总认为自己比别人强很多；有的固执己见，唯我独尊，总是将自己的观点强加于人，在明知别人正确时，也不愿意改变自己的态度或接受别人的观点。自负的人一般很少关心别人，与他人关系疏远。他们经常从自己的利益出发，不太顾及别人。无求于人时，对人缺少热情，似乎人人都应为他服务，结果落得门庭冷落。

自负是我们自掘的一个陷阱，当我们得意忘形的时候，常常堕入其中。自负的人往往自欺欺人，吞掉了苦果还要装出甜蜜的样子。

富兰克林没有父亲提醒他，所以早年他那种过分自负的态度常使别人看不顺眼。有一天，有一个朋友会的会友把他叫到一旁劝告了他一番，这一番劝告改变了富兰克林的一生。

“富兰克林，像你这样是不行的，”那个会友说，“当别人与你的意见不同时，你总是表现出一副强硬而自以为是的样子。你这种态度令人觉得很难堪，以致别人懒得再听你的意见了。你的朋友们不同你在一处时，还觉得自在些。你好像无所不知、无所不晓，别人对你无话可讲了。的确，人人都懒得和你谈话，因为他们费了许多气力，反而觉得不愉快。你以这种态度来和别人交往，不虚心听取别人的见解，这样对你自己根本没有任何好处。你从别人那儿根本学不到一点东西，但是实际上你现在所知道的却很有限。”

富兰克林听了之后讪讪地站起来，一边拍着身上的灰尘，一边说：“我很惭愧。不过，我实在也是很想进步的。”“那么，你现在要明白的第一件事就是，你已经太蠢了，而且是愚蠢得没有自尊了。”他又受到了打击，不过他站起来的时候，已经下决心把一切骄傲都抛在地下……他所需要的第二步，便是与自己私自作一次谈话。这一点他马上实行起来了。他现在要研究一个新的题目，那便是他自己。他曾经在印刷工厂学过制版，现在他要从一些似乎毫无希望的材料中，制造出一个新人来。

富兰克林起初只是一个自负的人，后来他却成了一个了不起的人物——许多人都喜欢他。他不仅为当代人做了许多具有建设性的工作，而且对后代也有很大的影响。如果那个朋友不给他来这一番严厉的说教，促使他变得谦卑起来，那么他后来的结果怎样，我们不得而知。

在适当的范围内，自负可以激发我们的斗志，树立必胜的信心，坚定战胜困难的信念，使我们能够勇往直前。但是，自负又必须建立在客观现实的基础上，脱离实际的自负不但不能帮助事业成功，反而影响自己的生活、学习、工作和人际交往，严重的还会影响心理健康。

生活中一个无法回避的事实是，每一个人的能耐总是十分有限的，没有一个人样样精通，所以，人人都可在某些方面成为我们的老师。当自以为拥有一些才艺时，你要记住，你还十分欠缺，而且会永远欠缺。不然，失败就离你不远了。自大往往不是空穴来风，自大的人总有一些突出的地方。这些突出的特长，使他们较之别人有一种优越感。这种优越感到达一定程度，便使人目空一切，飘飘然，不知天高地厚。

自立，才能创造未来

每个人对别人都有一种依赖性，在家依赖父母，依赖爱人，在外依赖朋友，依赖同事。然而，生活中最大的危险就是依赖他人来保障自己。将希望寄托于他人的帮助，便会形成惰性，失去独立思考和行动的能力。将希望寄托于某种强大的外力上，意志力就会被无情地吞噬掉。

卡耐基说："为了成功地生活，青少年必须学习自立，铲除埋伏于各处的障碍，家庭要教养他，使他具有为人所认可的独立人格。"所以，不要再惧怕困难，扔掉心里的那根拐杖吧！

毕业于哈佛大学的肯尼迪一直是美国人民的骄傲，同时他也是哈佛人自己的骄傲。哈佛大学为了纪念这位伟人，建了肯尼迪政治学院。

美国总统约翰·肯尼迪的父亲从小就注意对儿子独立性格的培养。有一次他赶着马车带儿子出去游玩，在一个拐弯处，因为马车速度很快，猛地把小肯尼迪甩了出去。当马车停住时，儿子以为父亲会下来把他扶起来，但父亲却坐在车上悠闲地掏出烟吸起来。

儿子叫道:“爸爸,快来扶我。”

“你摔疼了吗?”

“是的。”

“那也要坚持站起来,重新爬上马车。”

儿子挣扎着自己站了起来,摇摇晃晃地走近马车,艰难地爬了上来。

父亲摇动着鞭子问:“你知道为什么让你这么做吗?”

儿子摇了摇头。父亲接着说:“人生就是这样,跌倒、爬起来、奔跑;再跌倒、再爬起来、再奔跑。在任何时候都要靠自己,没人会去扶你的。”

诚然,比起依赖别人,少了拐杖的确累得多,但是,与其现在因依赖而享受,不如靠自己的独立奋斗为将来获得更大的享受。哈佛教授们就不主张依靠拐杖,他们认为拐杖永远也只能是外力,短时间内,你可以依赖它省时省力,但从长久看来,拐杖反而是潜伏的危机。拐杖使你养成了依赖心理,培养了你的惰性,当有一天拐杖不在时,也许你已经不具备奔跑的能力。所以,要想奔跑,拐杖绝不是支撑你的力量。

自立自强是指只靠自己的能力行动和生活。不论碰到什么问题,要自己动脑筋思考,要用自己的力量去克服困难,自强是依靠自己的努力,立足于社会。自强自立是现代社会人所必备的素质,不能自强自立的人,必然被激烈竞争的社会所淘汰。

哈佛教授经常告诫他的学生们,任何期望靠他人施舍而生活的想法都是可耻的,世上最不可靠的就是他人的施予,因为施予者可随时收回他们的财物、关爱,而自立的人生才会更亮丽。

自立自强就是不依赖别人,不安于现状,勤奋、进取,靠自己的劳动生活,依靠自己的努力不断向上,以此获得精神与物质的满足。自立自强是良好的观念、可贵的精神。自立自强的人,不论在工作、学习还是在生活上,凡是能自己做的,都不会依赖别人,把依赖别人、不思进取、不努力看作是没有出息的表现,是不光彩的行为,将通过自己的努力创造美好生活和获得事业成功看作是一种莫大的荣耀。

黄昏时刻,有一个人在森林中迷了路。天色渐渐地暗了,眼看黑幕即将笼罩,黑暗的恐惧和危险一步步移近。

突然,眼前出现一位流浪汉,他不禁欢喜雀跃,上前叫住流浪汉,探询出去的路途。这位陌生的流浪汉很友善地答应帮助他。于是他走呀,走呀,发现这位陌生人和他一样迷了路。于是他失望地离开了这位迷途的陌生伙伴,再一次回到自己的路线上来。

不久,他又碰上了第二个陌生的人,那人肯定地说他拥有逃出森林的精确的地图,他再跟随这个新的向导,最终发现这是一个自欺欺人的人,他的地图只不过是他自我欺骗情绪的结果而已。

于是他陷入深深的绝望之中,他曾经竭力问他们有关走出森林的知识,但他们的眼神后面隐藏着忧虑和不安,他知道:他们和他一样的迷茫。他漫无目的地走着,一路的惊慌和失误,使他由彷徨、失落而恐惧。无意间,当他把手插入口袋时,摸到了一张正确的地图。

这时他若有所悟地笑了:原来它始终就在这里,只要往自己本身去寻找就行了。从前他只是忙着询问别人,反而忽略了最重要的事——回到自己身上找。

许多人习惯于依赖别人,而忘记了向自己求助。实际上,最值得信赖的除却自己还能有谁呢?父母会离我们而去,与朋友也不会有不散的筵席,对他们的依赖只能持续一段时间而不能长久地依靠。学会依赖自己,才是摆脱困难的最好方法。

每个人都是可以自立的,然而真能充分发展自己独立能力的人却很少。依赖他人,追随他人,按照他人的想法去做事,自然要比自己动脑筋轻松得多。但是若事事有人替我们想,替我们做,必定有害于我们的事业的成功,也不利于我们的成长。要使我们的力量和才能获得发展,不能依靠外界,而主要靠自己。一个能抛弃凭借,放弃外援,主要依赖自己努力的人,才能得到真正的胜利。

自强是一种品质、一种精神、一种动力,是中华民族几千年来铸成的精髓所在。自强就是永远向上、积极进取，永不懈怠、发愤图强，面对生活中的各种困难和挑战，永不屈服、不后退，勇于并善于克服自己的缺点和弱点，以自己的不懈努力求得生存和发展。

生活中，懒惰和依赖会使我们的人生充满悲剧，会使人缺乏独立自主的能力和精神，甚至丧失人格。贪图享受的人，也是不可能在社会生活中自立的。只有自强、自立，才能创造出美好的未来；也只有自强、自立，才能让我们战胜自己的命运。

化焦虑为成长的契机

心理学指出，焦虑是一种没有明确原因的、令人不愉快的紧张状态。适度的焦虑可以提高人的警觉度，充分调动身心潜能。但如果焦虑过度，则会妨碍人们去应付、处理面前的危机，甚至妨碍人们的日常生活。

焦虑多表现为心悸、心慌、忧虑、担心、愣神、沮丧、灰心、自卑，但自己又无法加以克服，整日忧心忡忡，似乎感到灾难临头，甚至还会担心自己可能会因失去控制而精神错乱。心理学研究表明，导致焦虑的原因既有心理的因素，又有生理因素的参与，同时，人的认知功能和社会环境也起重要作用。

一个商人的妻子不停地劝慰着在床上翻来覆去、折腾了足有几百次的丈夫："睡吧，别再胡思乱想了。""嗨，老婆啊，"丈夫说，"你是没受过我这种罪！几个月前，我借了一笔钱，明天就是还钱的日子。可咱家哪儿有钱啊！你也知道，借给我钱的那些邻居们比蝎子还毒，我要是还不上钱，他们能饶得了我吗？就为这个，我能睡得着吗？"他接着又继续在床上翻来覆去。

妻子试图劝他，让他宽心："睡吧，车到山前必有路，说不定明天能弄到钱还债。""不行的，一点儿办法都没有啦！"丈夫喊叫着。

最后，妻子忍耐不住，她爬上房顶，对着邻居家高声喊道："你们知道，我丈夫欠你们的债明天就到期了。现在我告诉你们,我丈夫明天没有钱还债!”她跑回卧室,对丈夫说:“这回睡不着觉的不是你,而是他们了。”

丈夫因为无法还钱而产生焦虑的心情可以理解,但是过于焦虑导致自己彻夜不眠,这种做法值得商榷。没错,生活中有很多事需要担忧,可是如果每件事都焦虑得让人无法入睡,那么这样的生活又有什么意义?况且焦虑并不能改变现状。

焦虑是每个人都有的情绪体验,要防止它成为病态,就要寻找各种舒缓压力的方式。面对焦虑,面对真实的自己,是化解焦虑的最佳良药。让我们一起化焦虑为成长的契机,做个自在的现代人。哈佛的教授教你几招来化解焦虑:

我要运动,精神百倍。焦虑者可通过强耗氧运动,振奋自己的精神,如快步小跑、快速骑自行车、疾走、游泳等。通过这些耗氧量很大的运动,加速心搏,促进血液循环,改善身体对氧的利用,让不良情绪与体内的滞留浊气一起排出,从而使自己精力充沛,并进而振作起来,心理困扰自然就得到了很大排解。

我要用听音乐来舒缓精神压力。一个人,不管他的心情多么不好,只要能听到与自己的心境完全合拍的音乐,就会感到无比舒畅。以音乐来摆脱心理困扰时,要注意选择能配合当时心情的音乐,然后逐步将音乐转换到有利于将自己的心情调整到希望获得的方面来。

看到这些颜色,我今天心情很好。美学家通过研究多人的行为发现,犹如维生素能滋养身体一样,颜色能滋养心气,而且效果较明显。要注意选择适宜的颜色,凡是能使人心情愉快的鲜明、活泼的颜色以及具有缓和和镇静作用的清新颜色都可采用,这样,可产生滋养心气的效果,并使心理困扰在不知不觉中消释。

对自己说,我不是完美无缺的。有些人因为过于顾及脸面和名誉,总是在寻求完美,生怕有所缺陷,一旦难以达到这个目标,就会焦虑不安。其实世界上没有一个人是完美无缺的,人人都有缺陷,都有不足。因此要有勇气对自己说:我不是完美无缺的,我只想尽力而为。这样你的心情就会慢慢松弛下来,不会总是处于莫名其妙的紧张状态之中。

对别人说,你对我的评价仅供参考。人产生焦虑还因为过多地关注别人对自己的评价,害怕自己给别人留下不好的印象,得不到别人的赞扬。实际上一个人的情感、观点、说话、处事等,很难得到所有人的称赞,总会遇到反对意见。要有勇气对别人说:你对我的评价仅供参考,我不能为了迎合你的意见而生存。这样就不会为了顾及他人的需要而整日心神不定了。

对挫折说,我可以排除你。生活中充满意想不到的挫折,挫折会构成心理压力,特别是一些女性的焦虑就是由此而引起的。因此遇到挫折时,可以用宣泄的方法来释放内心的郁闷。如向好友一吐为快,或外出旅游,让湖光山色冲淡不良心绪等。总之,要尽快走出由挫折所造成的困境,不要让挫折变成心理上的压力。

再平凡,也无须自卑

也许你想成为太阳,可你却只是一颗星辰;也许你想成为大树,可你却只是一株小草;也许你想成为大河,可你却只是一泓山溪……于是,你开始自卑,自卑地认为命运在捉弄自己。

其实,你不必这样:欣赏别人的时候,一切都好;审视自己的时候,却总是很糟。和别人一样,你也是一道风景,也有阳光,也有空气,也有寒来暑往,甚至有别人未曾见过的一株春草,甚至有别人未曾听过的一阵虫鸣……做不了太阳,就做星辰,让自己的星座,发热发光;做不了大树,就做小草,以自己的绿色装点希望;做不了伟人,就做实在的小人物。平凡并不可卑,可悲的是你不能安心地接受自己的平凡,好高骛远,在变成天鹅之前,连一只丑小鸭都做不好。

珍妮总觉得自己长得很一般,没有高挑的身材和漂亮的脸蛋,她在学校里的成绩也一般，有那么多比自己优秀的人，为此她很自卑，她走路都是低着头的，她不敢大声跟人说话，甚至不敢直视对方的眼睛。

有一天，她到饰物店，看到了一个蝴蝶结，珍妮非常喜欢，但又一想：这么好看的蝴蝶结，只有美丽的人才配戴，而我却那么平凡。就在她犹豫期间，店主不断赞美她戴上蝴蝶结后很漂亮，珍妮虽不信，但是挺高兴，犹豫再三，她还是买了这个蝴蝶结。

新买到的蝴蝶结，珍妮很珍惜，她急于让大家看看，出门与人撞了一下都没在意。珍妮走进教室，迎面碰上了她的老师。“珍妮，你抬起头来真美！以前怎么没发现呢？其实你是一个很漂亮的小女孩。”老师爱抚地拍拍她的肩说。

那一天，她得到了许多人的赞美，她非常高兴，她想一定是蝴蝶结的功劳，回家后，她照镜子时却发现自己头上根本就没有蝴蝶结，她这才想起来，出饰物店时曾与人撞了一下，一定是那时候弄丢了。

不过，珍妮想，以后她再也不需要蝴蝶结了，因为自己就是那个蝴蝶结。

其实，美丽的不是蝴蝶结，而是珍妮自己。珍妮的自卑心理让她一度认为自己很平凡，然而当她给自己戴上一个蝴蝶结的时候，她的自信心随之回来了，虽然那个蝴蝶结并不存在。

所以说，即使我们平凡也无须自卑。

自卑是成功路上的绊脚石，也是人类的通病。不需为自己没有美丽的外貌而自卑，为没有高挑的身材而自卑，为没有体面的工作而自卑，为没有丰厚的收入而自卑，为是一个平凡的人而自卑。因为自卑并不能给你带来美貌与财富，反而会阻碍你前进的脚步。

自卑并不可怕，自卑的情绪谁都会有，只是或多或少、或早或晚的区别。真正可怕的是被自卑所操纵，迷失了自我。

有时候，是偏离轨道的乌云遮住了心中的灿烂。生活中大多数人都习惯自怜自艾、自我批判，他们最常说的是“我身材难看”“我能力太差”“我总是做错事”……所以建议他们，每当有这些想法的时候，不妨换个角度欣赏自己，相信你们就会看到，每个人的生命里都是充满阳光的，只是有时候，偏离轨道的乌云遮住了心中的灿烂。

个体心理学的创始人阿德勒认为，人在生活中时刻都可能产生自卑感，比如先天的、生理上的缺陷，在家庭中的地位，进入社会后人与人之间的利害冲突等，都可能让人产生不完美、不得志、比别人差的情绪。他们可能因为拿自己和周围的人进行比较而感到气馁，他们甚至还会因为同伴的怜悯、揶揄而加深自卑感。自卑来源于心理上的消极和自我暗示。

生活总是不能圆满的，它总会给人生留下很多空隙，这其中最大的空隙就是理想与现实的距离。

很多人会感慨自己没有出众的外表，没有出众的成绩，没有出众的家庭背景，一切都是很平凡的生活，过得如此平淡，平淡得不免有些感叹惆怅，自己如同一株草、一滴水，转瞬即逝不留痕迹。因此面对平凡，很多人就慢慢地对自己失去了信心，从而自卑占了上风。

哈佛教授认为，自卑是一种对自我内心潜能的人为压抑。在自卑心理的作用下，人遇到困难、挫折时往往会出现焦虑、泄气、失望、颓丧的情感反应。一个人如果做了自卑的俘虏，不仅会影响身心健康，还会使自己的聪明才智和创造能力得不到很好的发挥，难有作为。因此，哈佛教授常常教育学生，要正确地认识自己，克服自卑心理。

所以，我们在面对自己的平凡时，自卑是无谓的，感慨是多余的，自信地活着才是潇洒的。因为，平凡有平凡的魅力，平凡也无须自卑。群星虽然没有太阳般耀眼，同样熠熠生辉；群山虽没有珠峰般高大，同样勃勃向上。平凡的人应该要做一棵不卑不亢、积极向上、为世界添上一抹绿意的小草。

不慕虚荣，回归自我

虚荣心是一种为了满足自己荣誉、社会地位的欲望。虚荣心强的人往往不惜玩弄欺骗、诡诈的手段来炫耀、显示自己，借此博取他人的称赞和羡慕，最大限度地满足自己的虚荣心。但是由于这种人自身素质低、修养差，经常是真善美与假恶丑不分，往往把肉麻当有趣，将粗俗当高雅，打扮不合时宜，矫揉造作，不伦不类，使人感到很不舒服，甚至产生恶心之感。

每个人都有不同程度的虚荣心理，它像一只默默地啃噬自己内心的小虫，悄无声息但却让人格外痛苦难熬。而这些贪慕虚荣的人，也必然会为自己的行为付出一些代价。

有这样一个寓言故事：有一只高傲的乌鸦非常瞧不起自己的同伴，它认为自己与众不同，认为自己不应该和这帮乌合之众在一起。它想成为美丽的孔雀，所以它四处寻找孔雀的羽毛，一根一根地藏起来。等搜集得差不多了，它就把这些孔雀的羽毛插在自己乌黑的身上，直至将自己打扮得五彩缤纷，看起来真有点像孔雀为止。

当它认为自己已经成为孔雀的时候，它离开乌鸦的队伍，混到孔雀之中。但当孔雀们看到这位新同伴时，立即注意到这位来客穿着它们的衣服，忸忸怩怩、装腔作势，并企图超过它们，大伙都气愤极了。它们扯去乌鸦所有的假羽毛，拼命地啄它、扯它，直揍得它头破血流，痛得昏死在地。

醒来后，它没有地方去，最后决定还是老老实实地回到同伴们那儿去。有一只乌鸦问它："请告诉我，你瞧不起自己的同伴，拼命想抬高自己，你可知道害羞？要是你老老实实地穿着这件天赐的黑衣服，如今也不至于受这么大的痛苦和侮辱了。当人家扒下你那伪装的外衣时，你不觉得难为情吗？"说完，谁也不理睬它，大伙一起高高飞走了。

地面上孤零零地只留下那只梦想当孔雀的乌鸦。

故事中的乌鸦，就是因为贪图虚荣，盲目追求标新立异的效果，结果弄巧成拙，留下了笑柄。没错，华丽的外表掩饰不了空虚的心灵。很难想象一个爱慕虚荣的人能有多大的成就，因为他们总是把一些浮在表面的东西作为提高自己地位的条件，而不是扎实的生活和工作。

不管别人怎么说怎么做，我们都一定要做个好人，就像一块翡翠或者黄金总是认为:“无论别人怎么说怎么做,我始终是一块珍宝,我要保持我的光彩。”

一个能够保持宁静心灵,并保持理性自我的人,永远不会自己产生恐惧或欲望,除非是别人让它产生恐惧、陷入欲望。这种时候,灵魂往往会因为贪慕一时的虚荣而丧失自我。让肉体去体验这种经历吧,如果它有能力,或许可以使自身免于伤害。我们的灵魂是能感受恐惧和痛苦的,并且能对恐惧和痛苦作出判断。但是灵魂不会受到损害,因为它不会这样认为。灵魂是一无所求的,除非它自己创造出需要,同样,没有什么能够打搅它、妨碍它,除非它自己打搅自己、妨碍自己。

其实,虚荣存在于每一个人的心中,只是程度深浅的区别罢了。希望博得他人的认可是人的一种无可厚非的正常心理,然而,人们在获得了一定的认可后总是希望获得更多的认可。所以,人的一生就常常会掉进为寻求他人的认可而活的爱慕虚荣的牢笼里。如果你想获得个人的幸福,你必须将这种获得他人认可的虚荣心从你的生命中根除掉。这种虚荣心是心理上的“死胡同”,绝不可能使你从中得到任何好处,相反,它会让你困境重重,越陷越深,难以自拔。要克服虚荣心,关键要树立正确的荣辱观,即对荣誉、地位、得失、面子要持有一种正确的认识和态度。不可过分追求荣华富贵、安逸享受,否则就真的陷入了爱慕虚荣的怪圈。

第九章　积极理性，成就完美人生

把优秀的习惯坚持下来

哈佛学者说：成功者多半是高情商的人，他们都有一些共同的习惯，比如努力、坚持、节俭，这正是他们与平庸之辈的区别。哈佛大学教授皮鲁克斯说："好的习惯是绝大多数人迈动双脚的动力，它对成功的影响力不可小觑。"

奥维德说："没有什么比习惯的力量更强大。"习惯，是一个人思想与行为的真正领导者。习惯让我们减少思考的时间，简化了行动的步骤，让我们更有效率；也让我们封闭、保守、自以为是、墨守成规。在我们的身上，科学的好习惯与不科学的坏习惯并存。获得成功的程度就取决于好习惯的多少，所以说人生仿佛就是一场好习惯与坏习惯的拉锯战。把优秀的习惯坚持下来就意味着踏上了成功的快车。

杰出和平庸之间的差别之一就是他们的习惯不同。良好的习惯是打开走向杰出大门的钥匙，而坏的习惯则是双腿深陷的泥潭。要想摒弃平庸，实现目标，就必须具有良好的思维习惯和行为习惯，用好的习惯去制约坏的习惯。

比尔·盖茨认为，是守时、精确、坚定和迅捷四种良好的习惯造就了他成功的人生。没有守时的习惯，你就会浪费时间，空耗生命；没有精确的习惯，你就会损害自己的信誉；没有坚定的习惯，你做事情就无法坚持到成功的那一天；而没有迅捷的习惯，原本可以帮助你赢得成功的良机，就会与你擦肩而过，而且可能永不再来。

著名的贝尔实验室和3M公司经过近10年的研究，终于发现了一个令人吃惊的结论：要成为一名优秀员工，你无须高智商或者圆滑的社交技巧，只须培养并在工作中践行好的习惯，你就能成为一名优秀员工，发挥出自己巨大的潜能。所以说，习惯成就优秀，更能成就天才。

林肯一生中进学校的时间加在一起总共不到一年。但林肯勤奋好学，一有机会就向别人请教。没钱买纸笔，他就在土沙地上和木板上写写画画，练习写字。他放牛、砍柴时怀里也总揣着一本书。晚上，他在小油灯下常读书读到深夜。

长大后，林肯离开家乡独自一人外出谋生，他什么活都干，不管干什么，他都非常认真负责，诚恳待人。然而林肯无论干什么都始终没忘记学习，他抓紧一切空闲时间刻苦自学，攻读历史、文学、哲学、法学等著作，获得了丰富的知识。

35 岁时他开始竞选公职，几乎输掉了每次的重大竞选，但他一直努力，没有放弃。

51 岁，他当选为美国总统，并成功废除了奴隶制。

林肯出身于社会底层，但他具有勤劳、俭朴、谦虚和诚恳的品格，良好的习惯使他成为美国历史上最伟大的总统之一。

林肯是高情商的成功者，这与他的习惯是分不开的，他的习惯造就了他成为一个伟人与天才。其实世界上没有天才，天才的辉煌只是我们肉眼看到的 1/6 的冰山之尖，而那 5/6 是泡在海水中的默默奋斗。

一位哲人说过："播下一种思想，收获一种行为；播下一种行为，收获一种习惯；播下一种习惯，收获一种性格；播下一种性格，收获一种命运。"这是习惯的力量，更是成功者共有的习惯。他们不断提升自己的素质，做一名合格的高效能人士。所以我们要养成正确的工作和生活习惯，这样我们将收获高效能的工作和生活，然而成功人士也有不良的习惯，下面来看看马克·吐温的坏习惯。

马克·吐温是美国家喻户晓的小说家，他一生写作的收入高达数百万美金。马克·吐温虽然名声颇大，但他有一个坏习惯：借钱不按时归还，有时甚至赖账。

马克·吐温做记者时，有一天他接到一个电话，说在某条大街发生了重大事件，他必须马上到现场采访，掌握第一手资料。但一摸口袋分文皆无，于是就向同事借了50美元，在当时50美元已经是很大的一笔钱了，然而这件事过去了一个月，马克·吐温仍没有偿还的意思。他的同事便向他要账："先生，您应该还给我50美元。"马克·吐温一愣："我借过你钱吗？什么时候？""是的，您忘了，您去采访一个重大事件。""我每天采访的都是重大事件，您说的是哪一天啊？"同事没有办法，当时也没有人证，他只得找来马克·吐温采访后发表稿件的报纸让他回忆。也不知马克·吐温想没想起来，同事觉得他是很不情愿地拿出50美元给了自己，虽然马克·吐温还是还了钱，但是最后他还是没有想起来。

我们可以将马克·吐温这个习惯理解为是名人的不拘小节，但这种坏习惯无论如何也是常人难以接受的。也可以认为这种习惯对马克·吐温的创作没有什么太大的影响，但因为没有去改掉自己的坏习惯，当然会影响到他的整体形象，由此可见习惯的重要性。那么一个真正的成功人士，更要培养好的习惯，摒弃坏的习惯，从而成为习惯的主人。

习惯有赖于培养，下面我们先看一下培养好习惯的步骤。

好习惯的可行性。要培养一个习惯，开始前的可行性分析很重要，这样可以使你建立在理智和科学的基础上。否则，脑袋一热，盲目去做，常常会半途而废。

统筹安排，逐一击破。习惯是个庞大的体系，像大树一样有根、干、枝、叶。它可以是学习上的习惯，也可以是健康上的习惯、消费上的习惯、与人相处的习惯等。这么多习惯在培养的时候要统筹安排，分清主次，明确先后，有步骤地去培养。

关键前三天，重在一个月。我们常说万事开头难，一个新习惯的诞生，必然会冲击相应的旧习惯，而旧习惯不会轻易退出，它要顽抗，要垂死挣扎。另外，根据科学家的研究，一个好习惯的养成要21天时间，我想这是一个平均数。养成的习惯不一样，每个人的认真程度不一样、刻苦程度不一样，所用时间不一样，因此我们要把它确定为一个月。

习惯仿佛像一根缆绳。实际上，这是一句名言。这是著名教育家曼恩说的。他说:“习惯仿佛一根缆绳,我们每天给它缠上一股新索,要不了多久,它就会变得牢不可破。”为了养成好习惯,我们每做一次,就对自己说:“缠上一股,又缠上一股。”从这个意义上讲,坏习惯如果开了头,每做一次,缆绳就粗了一些,以后要去掉就困难了。

坚持不懈,直到成功。培养好的习惯是一个长期的过程,我们要下定决心,朝着自己的目标去努力,就一定能够建立自己理想的习惯,去除那些影响我们事业和命运的坏习惯。我们只要坚持不懈,就一定能获得成功。

每天主动一点,进步一点

哈佛教授常常告诫学生:每天进步一点点是最好的学习。然而有些人却不肯前进或者急于前进。无论是不肯前进还是急于前进,对于成功都是有百害而无一利的。

有一个画家,他小时候就很喜欢画画,但是又很贪玩。当他玩了一整天之后,突然想起自己一天没有画画,于是又拿起笔来努力画画。所以,到最后画画也画不好,学习成绩也耽误了,原本学习成绩很好的他最后变成班级的最后一名,他想隐瞒自己的成绩,可最后还是让家里人知道了。

他的父亲知道后,没有责骂他。晚饭后,父亲找来一个小漏斗和一捧玉米种子,放在桌子上,说:“今晚,我想给你做一个实验。”父亲让他摊开双手在漏斗下面接着,然后捡起一粒种子投到漏斗里面,种子便顺着漏斗滑到了他手里。父亲投了十几次,他的手里也就有了十几粒种子。然后,父亲抓起一把玉米种子放到漏斗里面,玉米种子相互拥挤着,竟然一粒也没有掉下来。

父亲意味深长地对他说:“这个漏斗代表你,假如你每天都能做好一件事,每天都选择进步一点,那么每天你就会有一粒种子的收获和快乐。但是,当你想把所有的事情都挤到一起来做,反而连一粒种子也收获不到了。每个人的时间都是有限的,这就要求我们做事要讲究效率。但是你若想把所有的事情都一下子做好,反而会欲速则不达,所以我们要学会循序渐进的方法,一步一个脚印地向自己的理想靠近。”

是的,只要我们每天进步一点点,就会有意想不到的收获,哪怕是一点点也是希望。如果我们放弃进步的机会,那么等待我们的永远都是失败。

每个人都在和自己赛跑。一天里,你是怎样度过的?它是把你推向你的梦想,还是使你离梦想更远?今天的我比昨天的我又长大了许多,成熟了许多,所以应该更好地去实现梦想。有梦想是一件很幸福的事,只要你好好地安排自己的生活,让自己努力向它奔跑,就一定会到达那里,而不是让它停留于梦想。具体落实到每一天,那每天都进步一点点,就每天都实现了一部分理想。

每天勤奋一点点、每天完美一点点、每天主动一点点、每天学习一点点、每天创造一点点……只要每天进步一点点,并坚持不懈,那么有一天你会惊奇地发现,在不知不觉中,你已经从众人中脱颖而出,并具备了承担更多责任的能力、创造奇迹的能力。

纽约的一家公司被一家法国公司兼并了,在兼并合同签订的当天,公司新的总裁宣布:“我们不会随意裁员,但是法语不能太差。这个周末我们将进行一次法语考试,只有考试及格的人才能继续在这里工作。”散会后,几乎所有人都涌向了图书馆去补习法语。

然而只有一位员工像平常一样直接回了家,同事们都认为他肯定认为自己不行,所以提前放弃了。可令所有人都想不到的是,当考试结果出来后,这个在大家眼中肯定没有希望的人却考了最高分。

同事们问其原因,原来,这位员工在大学刚毕业来到这家公司之后,就已经认识到自己身上有许多不足,从那时起,他就有意识地开始了自身能力的储备工作。虽然工作很繁忙,但他却每天坚持提高自己,这样他每天都会进步一点点,在他的客户里,有很多是法国人,为了能与客户更好地沟通,他每天都会学习法文,最后他不仅能很好地跟法国客户交流,更能翻译商务文件。就像他自己所说的那样：“只要每天记住 10 个法语单词，一年下来我就会 3600 多个单词了。”

不是这名员工有先见之明，而是他懂得如何让自己进步，哪怕是一点点也是收获，当众多人为了考法语而恶补的时候，这名员工已经成功地为自己铺平了前进的道路。有很多人都在说，成功都不走寻常的路，其实并不然，他们只是一步一个脚印地走，只是当他们成功时，人们才感到不寻常。

哈佛学子每次取得成就之后，都会在心中告诉自己，这还不是最棒的，还有下一次，下一次一定会做得更好！

你能说出怎么样才是最好的吗？其实最好的永远是下一次，而下一次在将来的某一天。因为还没有达到，才能激发你追逐的动力。每次取得好的成绩，可以小小地自得一下：我原来挺厉害的嘛！但是也要清楚地告诉自己，这还不是我想要去的地方。

我们都知道学海无涯，知识就像是浩瀚的大海，藏有无穷的奥秘等着你去揭示，就好像无边的风景，你所能欣赏到的与你期待的又有多少差距呢？

法国的一个童话故事中有一道脑筋急转弯式的小智力题：荷塘里有一片落叶，它每天会增长一倍。假如 30 天后荷叶会长满整个荷塘，那第 28 天时，荷塘里有多少荷叶？答案要从后往前推，即有 1/4 荷塘的荷叶。这时，假使你站在荷塘的对岸，你会发现荷叶是那样少，似乎只有那么一点点，但是，第 29 天就会占满一半，第 30 天就会长满整个荷塘。

正像荷叶长满荷塘的整个过程，在追求成功的过程中，只要我们每天都在进步，每天进步一点点，它就具有无穷的威力。只是需要我们有足够的耐力，坚持到第 28 天以后。

一步登天做不到，但一步一个脚印能做到；一鸣惊人不好做，但一股劲做好一件事，可以做；一下成为天才不可能，但每天进步一点点有可能。

所以每天进步一点点，听起来好像没有冲天的气魄，没有诱人的硕果，可细细琢磨一下：每天进步一点点，那简直又是在默默地创造一个料想不到的奇迹，在不动声色中酝酿一个真实感人的神话。

决定命运的往往是我们忽略的小细节

哈佛教授奥里森·马登说:“小事也能成就大事,细节决定成败。很多时候我们的成功不是取决于我们有多么高的智商,而是取决于我们有没有做好一件件小事。”

决定命运的有时不是小事,而是一个很小的细节。有时机会就在你的手里,就看你有没有为此做好准备。不要忽略细节,要养成注重细节的好习惯。

能否注重细节,直接决定你的成败。正所谓“成也细节,败也细节”。精细者常常可以旗开得胜,粗心者则常因忽略细节而功败垂成。人生之路是由很多细节组成的,养成了注重细节的好习惯,就等于扣响了成功的门扉。

现实生活中,许多人思想上存在着这样一个误区:成大事者不必拘于小节。殊不知,“大”字当头,必定眼高手低。有时候,一些看似平常的细节,如举手投足、待人接物、言语交谈等往往会给人留下深刻的印象。“千里之堤,溃于蚁穴”,一个人若平时不注意这些细节,就会因小失大,最终与成功失之交臂。

有一家广告公司承接了美国著名的某家电集团一批商场海报的设计和印刷任务,在设计稿设计完毕准备输入写真的时候,突然设计师查尔发现海报上的电子邮箱地址有一个字母不对,在准备打电话通知暂缓写真的时候,身后的广告公司经理说:“不用了,那样要耽搁时间,这个稿子上的文字我们是依据这家公司提供的文字设计的,而且他们也已经签过了字认可,出了事情也跟我们没有关系。现在我们这样做多此一举。”“可是这的确与我们原来设计时附加的邮箱地址不一样,而且这个小小的错误有可能影响到我们两家的合作……”查尔还没来得及说完,“听我的,就这样了!”经理一锤定音,把查尔的话打了回去。

两天后，在该家电集团领导到商场检查工作时，不经意间发现了这个错误的邮箱地址，很生气地问："哪家做的？这么小的事情都会错。""××广告公司。"产品经理回答。"看，这哪是我们的邮箱地址？"第二天，这个广告公司就被这个家电集团停止了业务。

细节决定成败，这点很重要，我们要做好每一步，每一个细节，这样我们才离成功更近一步。什么是不简单，就是做好每一件简单的事情；什么是不平凡，就是做好每一件平凡的事情。只有注重细节、留心细节的人，才能构筑理想的大厦，走向成功的殿堂。

著名的"铁娘子"、英国前首相撒切尔夫人在谈及习惯与生活细节时说："有时事务太忙，我也可能感到吃不消，但生活的秘诀实际上在于把90%的生活细节变成习惯，这样你就可以习惯成自然了。毕竟你想都不用想就去刷牙，这就是好习惯。"

巴尔塔沙·格拉西安说："完成一幅完美的画卷很难，需要每一细节都完美，只要一个细节没有画好，整幅画卷就会功亏一篑。人生在世也是如此，有时一个细节就会改变你的命运。"

哈特曼是一个很严格的教授。学期第一个专题报告发下来，只有10分的作业，竟被老师扣去了2分，杰克心里一阵沮丧。老师刚刚宣布下课，杰克已经冲到他面前。老师说："我的课已经结束，有问题请与我的助手预约，明天上午我会在办公室里一对一地回答你的问题。"

第二天，杰克来到哈特曼办公室，哈特曼说："你迟到了1分钟。""对不起，刚才走到另一个方向去了。"哈特曼教授说："这跟我有什么关系吗？我只在乎我们已经约定的时间。好，你今天的问题是什么？"杰克拿出考卷，平放在老师的桌上，说："对不起，我把Hartman写成Hartmen，把a写成e，今后我会注意。可是，这个作业总共才10分，因为一个字母就被你扣去了2分。"

哈特曼教授在书桌上一笔一画用大写字体写下了HARTMAN，用手指在上面敲了敲："这是一个人的姓名，写错了，就好像一只狗被称呼为猫。你认为这样的问题不严重？""我保证不再犯此类错误，对不起。"

10年后,杰克忘记了许多事,但这件事却永远记得。使他在走向成功的路上少犯了许多错误。

小事成就大事,细节成就完美。细节就像每一根树根,每一片树叶。没有根,没有叶,何为大树?在竞争日益激烈、残酷的今天,任何细微的东西都可能成为"成大事"或者"乱大谋"的决定性因素。不要让细节成为身体里的那个"癌细胞",不要让细节成为粥锅里的一粒老鼠屎,不要让细节成为成功路上的一块绊脚石。从细小处着手,致力于从细小处创新,才能达到预期的效果。

哈佛大学的学生常被这样教导:那些一心想做大事的人,常常对小事嗤之以鼻、不屑一顾。其实大事都是由小事组成,连小事都做不好的人,大事很难成功。世界文豪伏尔泰说:"使人疲惫的不是远方的高山,而是鞋里的一粒沙子。"

美国质量管理专家菲利浦·克劳斯比说:"一个由数以百万计的个人行动所构成的公司经不起其中1%或2%的行动偏离正轨。"世间最睿智的国王所罗门说过:"万事皆因小事起。不要忽视细节,一个墨点足可将白纸玷污,一件小事足可招人厌恶。在激烈的竞争中,细节常会显出奇特的魅力,它可以提升你的人格,使你博得他人的青睐,获得更好的机会。平时生活中看似很细微的事情也会毫不留情地影响整个事态的发展,也许它只是无数砖头中的一块,却导致了整座大楼的倒塌;也许它只是一个棋子,却影响了整盘棋局的输赢……"

"千里之堤,溃于蚁穴",一个看似小小的错误可能会导致惨败的结局。杜绝小错误,才能除掉犯大错误的隐患。事情无论大小都要慎重对待,这其实是对自己的尊重,也是对自己人生的负责。

大千世界,芸芸众生,但能成就一番大事的人却少之又少,大多数人只能做一些细微而琐碎、单调而具体的事,虽然平淡而枯燥,但如果连小事也做不好,连小事也做不到位,成就大事谈何容易?细节决定成败,这句话不无道理。"千里之堤,溃于蚁穴。"有时候让我们功败垂成的不是敌人的强大、环境的恶劣，而是我们不屑一顾的细节。

选择正确的方向与目标

每一个奋斗成才的人，无疑都会有一个选择、确定目标的问题。心中拥有目标，便会使自己不会太留意与之不相关的烦恼，不会与一般的不相关的小麻烦计较，这会使你变得豁达、开朗。一个人之所以伟大，首先在于他有一个伟大的目标。

有了目标，人们才会下定决心攻占事业高地；有了目标，深藏在内心的力量才会找到“用武之地”。若没有目标，绝不会采取真正的实际行动，自然与成功无缘。

目标是获得成功的基石，是成功路上的里程碑。目标能给你一个看得见的靶子，你一步一个脚印去实现这些目标，你就会有成就感，就会更加信心百倍，向高峰挺进。

成功，是每一个追求者的热烈企盼和向往，是每一个奋斗者为之倾心的夙愿。在目标的推动下，人就能够被激励、鞭策，处于一种昂扬、激奋的状态中，去积极进取、创造，向着美好的未来挺进。对人生而言，目标固然重要，但是更重要的是选择正确的方向与目标。

在20世纪40年代，有一个年轻人先后在慕尼黑和巴黎的美术学校学习画画。第二次世界大战结束后，他靠卖自己的画为生。

一日，他的一幅未署名的画，被他人误认为是毕加索的画而出高价买走。这件事情给了他一个启发，于是他开始大量地模仿毕加索的画，并且一模仿就是20多年。

20多年后，他一个人来到西班牙的一个小岛，渴望安顿下来，筑一个巢。他又拿起画笔，画了一些风景和肖像画，每幅都签上了自己的真名。但是这些画过于伤感，主题也不明确，没有得到人们的认可。更不幸的是，当局查出他就是那位躲在幕后的假画制造者，考虑到他是一个流亡者，所以没有判他永久的驱逐，而判了他两个月的监禁。

这个人就是埃尔米尔·霍里。毋庸置疑，埃尔米尔有独特的天赋和才华，但是由于没有找准自己努力的方向，终于陷进泥淖，不能自拔，并终究难逃败露的结局。最可惜的是，他在长时间模仿他人的过程中，而渐渐迷失了自己，再也画不出真正属于自己的作品了。

世界上根本没有成功的秘诀，如果有的话，就只是两个：第一个是坚持到底，永不放弃；第二个就是当你想放弃的时候，回过头来照着第一个秘诀去做：坚持到底，永不放弃。

目标是一种持久的热望，是一种深藏于心底的潜意识。它能长时间调动你的创造激情，调动你的心力。你一旦想到这种强烈的愿望，就会产生一种原子能般的动力，就会有一种钢铁般的意志力。一想到它，你就会为之奋力拼搏，就会尽力完善自我，在艰难险阻面前，决然不会轻易说“不”字。为了目标的实现，去勇敢地超越自我，跨越障碍，踏出一条坦途。

戈德15岁时，偶然地听到年迈的祖母非常感慨地说：“我这一生没什么目标，如果我年轻时能多尝试一些事情就好了。”

戈德下决心自己绝不能到老了还有像老祖母一样无法挽回的遗憾。于是，他立刻坐下来，详细地列出了自己这一生要做的事情，并称之为“约翰·戈德的目标清单”。

他总共写下了127项具体而明确的目标，里面包括10条想要探险的河、17座要征服的高山。他甚至要走遍世界上每一个国家，还想要学开飞机、学骑马。他甚至要读完《圣经》，读完柏拉图、亚里士多德、狄更斯、莎士比亚等10多位大学问家的经典著作。

他的目标中还有乘坐潜艇、弹钢琴、读完大英百科全书。当然，还有重要的一项，他还要结婚生子。

戈德每天都要看几次这份“目标清单”，他把整份单子牢牢记在心里，并且倒背如流。

戈德的这些目标，即使在半个多世纪后的今天来看，仍然是壮丽且不可企及的。那么，他究竟完成得怎么样呢？

在戈德去世的时候，他已环游世界4次，实现了127个目标中的103项。他以一生设想并且完成目标，述说他人生的精彩和成就，并且照亮了这个世界。

正如美国成功学家拿破仑·希尔所言，“你过去或现在的情况并不重要，你将来想获得什么成就才最重要。除非你对未来有理想，否则做不出什么大事来。一个人有了目标，内心的力量才会找到方向。”可以说，一个人之所以伟大，首先在于他有一个目标，并坚定目标。

那么我们怎样正确地对待方向呢？

心中拥有目标，给人生存的勇气，在困苦艰难之际赋予我们坚忍不拔的毅力。有了具体目标的人少有挫折感，因为比起伟大的目标，人生途中的波折就是微不足道的了。因此，拥有科学的目标可以优化人生进程。

由于目标事物存在脑海某处，所以即使我们从事别的工作，潜意识里依然暗自思量图谋对策。遂在不知不觉间接近目标，终于梦想成真。拥有目标的人成大功立大业的概率，无疑要比缺乏志向的人高。目标激励人心，产生活动能源。

实现目标好像攀登阶梯一般，循序渐进为宜，尽管前途险阻重重，也要自我勉励，不断做出更大的挑战。当时认为不可能做到的事情，往往几年之后，出乎意料地简单达成了。

低调，低调，再低调

低调经常是制胜的法宝，低调是一种外“抑”内“扬”的策略，低调的姿态常常能够战胜高调，取得出奇制胜的效果。力求出人头地，是一种积极的人生态度，无可厚非。但急于出头，行高于人，让自己鹤立鸡群，必定会遭遇别人的嫉妒和排斥。你可以让自己的才能高出于人,但绝不可让自己显出高人一等的姿态。不显不露是一种低调,也是生存达到更高境界的有力保障。

低调做人既是一种姿态,也是一种风度、一种修养、一种品格、一种智慧、一种谋略、一种胸襟。低调做人不仅可以保护自己、融入人群,与人们和谐相处,也可以让人暗蓄力量、悄然潜行,在不显不露中成就事业;不仅可以让人在卑微时安贫乐道,豁达大度,也可以让人在显赫时持盈若亏,不骄不狂。

何晶是新加坡总理李显龙的夫人,随着李显龙的宣誓就职,何晶也开始走到了新加坡的政治前台。何晶是位精明能干却始终保持低调,尤其不愿被媒体曝光的商业女强人,因此她的身世和成就,在新加坡鲜为人知。

她是美国《财富》杂志首次选出的亚洲25位最具影响力的企业家之一。她在一次接受媒体的采访时曾说:"我和他(李显龙)时常意见相左,但我们在这些问题上常进行有益的辩论。李显龙(当时)虽然是财政部长,但他不能做任何片面决策,他只是团队的一分子而已。"

新加坡虽然是一个小国,但在亚洲来说却是一个经济强国,作为新加坡的第一夫人,何晶却喜欢朴素的装扮,她经常留着一头短发。何晶曾在美国接受电子工程教育,因此她也是一位出色的政府学者。在1985年嫁给李显龙时,何晶正在新加坡国防部任职,当时李显龙刚以准将一职自军中退役。

当记者问她为什么这么低调时,她说:"不把自己太当回事,坦诚而平淡地生活,别人是不会把你看成卑微、怯懦和无能的。"

如果你老是把自己当作珍珠,那么就时时有被埋没的危险。一个有内涵、有实力、高情商的人也不一定永远站在最高峰。忘记曾经的成功、曾经的辉煌,正视现实,这样的人即使退居幕后,人们给予他们的仍然是掌声和鲜花。

低调是终生受益的美德,一个懂得低调的人是真正懂得积蓄力量的人，谦逊能够避免给别人造成太张扬的印象，这样的印象恰好能够使一个员工在生活、工作中不断积累经验与能力，最后达到成功。

其实，无论对于一个人还是一个企业的发展来说，荣誉、名声都只是些虚无缥缈的东西，说到底不过是过眼云烟而已。名誉固然重要，但切实的利益、长远的发展才是更为重要的，因此，无论是个人，还是团体，只有淡化功名，踏踏实实地立足现实事业，才能更容易取得胜利，创造奇迹。

“低调的人不会骄傲，骄傲的人也做不到低调。”骄傲自满是我们前进中的绊脚石，它就像有色眼镜一样，使我们看不到别人的闪光点，自以为是、止步不前。骄傲自大的人会在自己与外界之间树起一道无形的“城墙”，让人与外界产生隔膜，使人变得狭隘、自私、目中无人，如井底之蛙，看不到更广阔的世界。

《伊索寓言》中有这样一个故事：有一只狐狸喜欢自夸自大，它以为森林中自己最大。傍晚，它单独出去散步，走路的时候看见一个映在地上的巨大影子，觉得很奇怪，因为它从来没有见过那么大的影子。后来，它知道是它自己的影子，就非常高兴。它平常就觉得自己伟大，有优越感，只是一直找不到证据可以证明。

为了证实那影子确实是自己的，它就摇摇头，那个影子的头部也跟着摇动，这证明影子真是自己的。它就很高兴地跳舞，那影子也跟着它舞动。它继续跳，正得意忘形时，来了一只老虎。狐狸看到老虎也不怕，就拿自己的影子与老虎比较，结果发现自己的影子比老虎大，就不理它，继续跳舞。老虎趁着狐狸跳得得意忘形的时候扑了过去，把它咬死了。

狐狸的高调让它最终惨死，枪打出头鸟，如果狐狸低调一点，谦卑一些，也不会有这样的下场。人也一样，高情商的人都懂得低调。

在低调中修炼自己：低调做人无论在官场、商场还是政治军事斗争中都是一种进可攻退可守，看似平淡实则高深的处世谋略。

低调做人是做人成熟的标志，是为人处世的一种基本素质，也是一个人成就大业的基础。向日葵在籽粒尚不饱满的时候，镶嵌着金黄色的花瓣，高昂着头，随着太阳的升起和降落，摇来晃去，唯恐别人看不到它。一旦籽粒饱满它便会低下沉甸甸的头，因为它成熟了、充实了。

哈佛学者告诉人们一个道理：人要像静静的流水一样，不论在什么情况下都要安静地为人处世，才不至于让自己锋芒毕露，树敌太多。所以，我们在日常的生活中，应当注意自己的言行，说话、做事要考虑到那些在某方面不如自己的人，不要过分地显露自己的能耐，否则很可能引起别人的嫉妒和不满，到头来很可能会招来危险。

人往高处走，水往低处流。由卑微而至尊贵，这是一个人走向成功与卓越的正向逻辑。因此，开始时的卑微并不是低贱和耻辱，而是抵达尊贵的必要过程。

但也有一部分人在逐渐走向尊贵时，开始喜形于色，夸耀自己。身处高位，颐指气使，飞扬跋扈。稍有才能便妄自尊大，目中无人。那种唯恐天下人不知的彰显心理不知害了多少人。高情商的人都保持低调行事作风，他们无论在什么情况下都不显山露水，不愿意让别人看到自己高出于人的那一面。

停止在错误的道路上狂奔

哈佛的老师告诉学生：在漫长的人生道路上，期望自己事业成功，仅有学校的智慧是远远不够的，你还必须具备社会生活的智慧。

生活是最严厉的老师，与学校书本教育的方式完全不同。生活的教育方式是你首先得犯错，然后从中吸取教训。大多数人由于不知道从错误中悟出道理，所以只是一味地逃避错误。他们却不知，这种行为本身已铸成大错，还有一些人犯了错误却没能从中吸取教训。这些都是为什么有如此多的人总是循环往复地犯着自己以前曾经犯过的错误的原因，他们会一而再、再而三地犯错，就是因为他们不知道如何从错误中吸取教训。

在一个小城镇里，少年约翰和汉斯因为偷羊被捉，依照当地的风俗，必须在额头烙上英文字母“ST”（Sheep Thief的意思）。汉斯觉得这是莫大的羞辱，就独自到远方流浪。但是，常有人问他额头上的字是什么意思。他整天痛苦不堪，最后抑郁而终。

约翰则坚持留在当地，勇敢地去面对家乡父老，以具体的行动，证明他的改变。一年又一年过去了，约翰重新在当地建立起良好的声誉。当他年老时，一个过路的旅客好奇地问当地人，这人额头上的字母是什么意思？“哦！我也不太清楚，那可能是圣徒（Saint）的缩写吧！”当地人骄傲地回答。

这世上，每个人都有失足、犯错的时候。人生的意义，不在于永远懊悔过去，而在于跌倒后能再站起来。在哪里跌倒，就应在哪里站起来。你一定可以改变别人对你的看法，只要你愿意，而且付出真诚的代价。“知耻近乎勇。”从曾经的误区中一步步走出来，你依然能寻觅到生活的路径与幸福的踪迹。

错误本身并不可怕，可怕的是错得没有价值、可怕的是在错误的道路上狂奔。一个人虽然犯了点小错误，但如果他能总结失败的教训，知道自己为什么失败，并不再犯更大的以至是致命的错误，则错误对他来说比成功的经验还重要。

卢梭生于穷苦的人家，为求生计，在很小的时候就到一个伯爵家去当小仆人。有一段时间，他对伯爵家一个侍女戴的一条小丝带相当痴迷，他很想拿在手里摸一摸、看一看。一天，机会终于来了，卢梭趁没人的时候，从侍女床头拿走小丝带，跑到院里玩赏起来。

正在这时，从他身后经过的一个仆人发现了卢梭手中的小丝带，立刻报告了伯爵。伯爵大为恼火，把卢梭叫到身旁，厉声追问小丝带的来历。卢梭紧张极了，如果承认丝带是自己拿的，那他一定会被辞退。他结巴了好一会儿，最后竟撒了个谎，说丝带是小厨娘玛丽永偷给他的。伯爵半信半疑，让玛丽永过来对质。善良、老实的小玛丽永一听这事，又害怕又委屈，一边流泪，一边说：“不是我，绝不是我！”

这下子，伯爵更恼火了，他不想去分辨哪一个是清白的，索性将卢梭和玛丽永同时辞退了。当两人离开伯爵家时，一位长者意味深长地说：“你们之中必有一个是无辜的，而另一个人一定会受到良心的惩罚！”

果然，这件事给卢梭带来了终身的痛苦。40年后，他在自传《忏悔录》中坦白说：“这种沉重的负担一直压在我的良心上……促使我决心撰写这部忏悔录。”“这种残酷的回忆，常常使我苦恼，在我苦恼得睡不着的时候，便看到这个可怜的姑娘前来谴责我的罪行……”

这个故事告诉我们，一个人应该敢于承认错误，这样才不会受到良心的谴责。“一个人受骗两次就该毁灭。”一个真正明智的人绝不应该再犯同类的错误。的确，犯错不可怕，只要不犯相同的错误就是一种进步。猫狗被伤害了一次，下一次遇到同样情况，就知道躲得远远的。猫狗尚能如此，人难道还不能做到吗？

人在成功的时候，总是认为自己是高明的，而很少归结为运气；而出错时，却总是以运气不佳为借口，害怕承认错误、分析错误，以致故态复萌，再犯同样的错误。殊不知，错误本身都有其可以借鉴的价值，而只有那些善于从失败中总结经验教训，不怨天尤人的人才能避免重复犯错。

如果真是我们的错，自责倒也无妨，但明明不是我们的错而强要自责，便有危险。喜欢自责的人内心常有“我是笨蛋，我是失败者”的想法。这么一来，下次你又会犯同样的错误，或是你误信自己的确是笨蛋，而根本不再尝试。奇怪的是，我们的确能安于失败。不动脑筋的自怜要比绞尽脑汁分析自己，筹思下次如何成功来得容易多了。

哈佛告诉我们：停止在错误的道路上狂奔。

哪怕是万分之一的机会，也要拼尽全力

梭罗曾说：“生命很快就过去了，一个时机从不会出现两次，必须当机

立断，不然就永远别要。”能否抓住机遇是一个人平庸或者卓越的分水岭。决定一个人成败的不是才华，也不是性格，而是他是否有善于抓住机遇的能力。

机遇有时已经出现了，就在你的眼前，它向你递上橄榄枝。遗憾的是，你不知道这就是你找寻已久的机遇，你向它摆摆手，拒绝了它。机遇只能无奈地去找寻另外一个能够认出它的人。

19 世纪中叶，美国人在加利福尼亚州发现了金矿，这个消息就像长了翅膀，很快就吸引了很多的美国人。在通往加利福尼亚州的每一条路上，每天都挤满了去淘金的人。

在这些做着美梦的人流中，有一个叫菲利普·亚默尔的年轻人，他当年才 17 岁，是一个毫不起眼的穷人。就是这个年轻人，后来却干出了使人感到很惊奇的事情。到了加利福尼亚州之后，他的“黄金梦”很快就破灭了：各地涌来的人太多了。

然而，亚默尔很快就意识到，在这里，水和黄金一样贵重。他曾经不止一次地听到人说：“谁给我一碗凉水，我就给他一块金币！”他很快就下了决心，不再淘金了，弄水来卖给这些淘金的人，赚淘金者的钱。卖水其实很简单，挖一条水沟，把河里的水引到水池里，然后用细沙过滤，就可以得到清凉可口的饮用水了。

很多淘金者都感到很可笑：这傻小子，千里迢迢跑到这里来，不去挖金子，而干这种玩意儿，没出息！然而经过一段时间，很多淘金者的热情减退了，本钱用完了，血本无归，两手空空地离开了加利福尼亚。亚默尔的顾主越来越少，他也应该走人了。这时，他已经净赚了 6000 美元，在那个年代，拥有这些金钱的他已经算是一个小富翁了。

捕获机会，见机而动，机会面前不能迟疑。这个道理并不难理解，但许多人却令人遗憾地失去了成功的机会。失机的原因恐怕体现在两个环节上，一个是识机，一个是择机。时机来到，有的人能及时发现，有的人却视而不见，有的人虽然有所发现，但认识不清，把握不准。对机会的认识决定了对机会的选择。

其实，这个世界并不会偏爱任何一个人，上天对任何人都是公平的。所以，任何一件好事、坏事发生的几率都是一样的，也就是说，如果好事情有可能发生，不管这种可能性多么小，它也是会发生的。

苹果青的时候是不能摘的，它熟的时候，自己会落，但你若在它青的时候摘取，便损害了苹果和树。不过，在摘苹果的时候等一等，并不是守株待兔，当断不断，一旦把犹疑当作慎重，错过熟苹果掉落的时机，你就只有眼睁睁地看苹果腐烂了。

富翁家的一只狗跑丢了，于是富翁在当地报纸上刊登了一则启事：有狗丢失，归还者，付酬金1万元。由于第一天没有什么进展，于是富翁把酬金改为2万元。

一个沿街流浪的乞丐在报摊看到了这则启事，他立即跑回他住的窑洞。因为前天他在公园的躺椅上打盹时捡到了一只狗，现在这只狗就在他住的那个窑洞里拴着。那只狗正是富翁家丢失的。乞丐第二天一大早就抱着狗出了门，准备去领2万元酬金。当他经过一个小报摊的时候，无意中又看到了那则启事，不过赏金已变成3万元。乞丐又折回他的窑洞，把狗重新拴在那儿，静等酬金再涨。第四天，悬赏额果然又涨了。

在接下来的几天时间里，乞丐天天浏览当地报纸的广告栏。当酬金涨到使全城的市民都感到惊讶时，乞丐返回他的窑洞，准备把狗送给富翁，然后再去领赏金。可是那只狗已经死了，因为这只狗在富翁家吃的都是鲜牛奶和烧牛肉，对于乞丐从垃圾桶里捡来的东西根本消受不了。

乞丐的待价而沽并不是没有道理，慎重是审度时宜，在该出手的时候再出手。但错过了出手的最佳时机，你依然摘不到苹果。所以，我们在开始做事时要高瞻远瞩，具备一定的大格局。正如培根所说："机会老人先给你送上它的头发，当你没有抓住再后悔时，却只能摸到它的秃头了。"

当机会出现时，你是否已经准备好了？机遇是一位神奇的、充满灵性的但性格怪僻的天使，它对每一个人都是公平的，但绝不会无缘无故地降临。只有经过反复尝试，多方出击，才能寻觅到它。

有人说：“上帝高深莫测，但他并无恶意。”所以，上帝给予人类无数成功的机遇，良机无处不在，无奈却总被人错过。每一个机遇都像稍纵即逝的流星，眨眼之间便会消失踪影。如果想抓住机遇的尾巴，就要提前做好准备，哪怕是万分之一的机会，也要拼尽全力去把握。

有一年，但维尔地方经济萧条，不少工厂和商站纷纷倒闭，被迫低价抛售自己堆积如山的存货，价钱低到1美元可以买到100双袜子。约翰·甘布士是一家织造厂的小技师，当他把自己的积蓄用于收购低价货物时，人们都嘲笑他是个蠢材。

甘布士对别人的嘲笑漠然置之，依旧收购各工厂抛售的货物，并租了一个很大的货场来储货。他的妻子劝他不要再收购这些别人廉价抛售的东西，因为他们积攒下来的钱数量有限，而且这笔钱是准备用作子女教养费的，如果此项生意血本无归，那么后果将不堪设想。

对于妻子忧心忡忡的劝告，甘布士笑着安慰她道：“3个月以后，我们就可以靠这些廉价货物发大财。”

过了10多天后，那些工厂找不到买主了，便只好把所有存货用车运走烧掉，以此稳定市场上的物价。妻子看到别人已经在焚烧货物，不由得焦急万分，抱怨起甘布士。对妻子的抱怨，甘布士一言不发。

两个月后，美国政府终于采取紧急行动，稳定了但维尔地方的物价，并且大力支持那里的厂商复业。

这时，但维尔地方因焚烧的货物过多，存货欠缺，物价一天天飞涨。甘布士马上把自己库存的大量货物抛售出去，一来赚了一大笔钱，二来使市场得以稳定，不致暴涨不断。

当初他决定抛售货物时，妻子曾劝告他暂时不要把货物出售，因为物价还在一天天飞涨。但甘布士平静地说：“是抛售的时候了，再拖延一段时间，就会后悔莫及。”

果然，甘布士的存货刚刚售完，物价便跌了下来。他的妻子对他的远见钦佩不已。

后来,甘布士用这笔赚来的钱开设了5家百货商店,生意非常红火。

当其他人嘲笑甘布士时,他并未有丝毫动摇,因为他已经牢牢地把握住了属于自己的时机。反倒是那些曾经嘲弄过他的人,眼睁睁地错失了获得财富的机遇。

在成功的道路上,有的人不喜尝试,不愿走崎岖的小道,遇到艰辛或绕道而行,或望而却步,他们常与机遇无缘。而另一些人,总是很有耐性,尝试着解决难题。不怕吃千般苦,历万道岭,结果恰恰是他们能抓住难得的机遇。

生活就是这样,我们要学会等待,也要学会捕捉,在别人卖水果时,你抢先一步卖盛水果的筐,时机就这样被你捕捉到了。好的时机也许只出现一次,我们要灵活地运用它,而不是滥用它,审慎地抓住它,而不是被它绊倒。

机遇绝非上苍的恩赐,它是创造主体主动争来的,主动创造出来的。机遇是珍贵而稀缺的,又是极易消逝的。你对它怠慢、冷落、漫不经心,它也不会向你伸出热情的手臂。主动出击的人,易俘获机遇;守株待兔的人,常与机遇无缘,这是普遍的法则。你若比一般人更显得主动、热情的话,机遇就会向你靠拢。

哈佛的学者告诉我们:哪怕只有万分之一的机会,你也不要放弃它。很多人都是借此脱离困境的,你为什么要放弃上天的恩赐呢?

把错误当作垫脚石

失败并不可怕,问题是我们能不能善待失败,能不能进行正确的反思。只要找到上次失败的原因,你就等于找到了下一次成功的钥匙。

世界并不是只围绕那些成功者运转,因此我们的存在,就意味着我们也有成功的机会。只要你把自己的智慧充分地发挥出来，难道离成大事还会远吗？善待失败，找出失败的原因，然后进行自我反思，为进一步的成功奠定基础。

错误是这个世界的一部分，与错误共生是人类不得不接受的命运。但错误并不总是坏事，从错误中汲取经验教训，再一步步走向成功的例子也比比皆是。因此，当出现错误时，我们应该像有创造力的思考者一样了解错误的潜在价值，然后把这个错误当作垫脚石，从而获取成功。

1958年，法兰克·卡尼在自家杂货店对面经营着一家比萨饼屋，筹措他的大学学费。19年后，法兰克卖掉3100家连锁店，总值3亿美元，他的连锁店叫作必胜客。

对于其他也想创业的人，法兰克给他们的忠告很奇怪："你必须学会反省失败。"他的解释是这样的："我做过的行业不下50种，而这中间大约有15种做得还算不错，那表示我大约有30%的成功率。可是你总是要出击，而且在你失败之后更要出击。你根本不能确定你什么时候会成功，所以你必须先学会反省自己为什么会失败。"

法兰克说必胜客的成功归因于他从错误中学得的经验。在俄克拉荷马的分店失败之后，他知道了选择地点和店面装潢的重要性。在纽约的销售失败之后，他做出了另一种硬度的比萨饼。当地方风味的比萨饼在市场出现后，他又向大众介绍芝加哥风味的比萨饼。

法兰克失败过无数次，可是他善于反省、总结失败的原因。正是因为他善于反省、善于总结失败的教训，我们才能在现在的必胜客连锁店里享受美味的比萨。

这就是自省的力量。如果你也能善于自我反省，然后总结失败的教训和成功的经验，把它们化作成功的垫脚石，那么成功就在前方不远处等着你。反省是一面莹澈的镜子，它可以照见心灵上的污垢。

泰戈尔在《飞鸟集》中写道："只管走过去，不要逗留着去采下花朵来保存，因为一路上，花朵会继续开放的。"为采集路边的花朵而花费太多的时间和精力是不值得的，道路还长，前面还有更多的花朵，让我们一路走下去。抓住过去的错误不放，不是明智之举，因为在我们一直谴责自己的时候，会有很多机会从我们的身边溜走。古希腊诗人荷马说：“过去的事已经过去，过去的事无法挽回。”昨日的阳光再美，也移不到今日的画册。我们为什么不好好把握现在，珍惜此时此刻拥有的呢？为什么要把大好的时光浪费在对过去的错误的悔恨之中呢？过去所犯的错误就让它永远地过去吧，现在的懊悔也于事无补，倒不如抖落一身的尘埃，继续上路，相信人生将有更美的风景在前方等待着你。

有一个青年，有一天在街角的小店借用电话。他用一条手帕盖着电话筒，然后说：“是贾公馆吗？我是打电话来应征做园丁工作的，我有很丰富的经验，相信一定可以胜任。”电话的接线生说：“先生，恐怕你弄错了，我家主人对现在聘用的园丁非常满意，主人说园丁是一位尽责、热心和勤奋的人，所以我们这儿并没有园丁的空缺。”青年听罢便有礼貌地说：“对不起，可能是我弄错了。”便挂了电话。小店的老板听了青年的话，便说：“青年人，你想找园丁工作吗？我的亲戚正要请人，你有兴趣吗？”青年说：“多谢你的好意，其实我就是贾公馆的园丁。我刚才打的电话，是用以自我检查，确定自己的表现是否合乎主人的标准而已。”

在生活中，不断做自我反省，才可以令自己立于不败之地。能够时时审视自己的人，一般很少犯错，因为他们会时时分析自己的优点和缺点，跳出自己的局限来重新观看、审察自己的所作所为是否正确，从而为以后的行动打下基础。

卓根·朱达是哥本哈根大学的学生，有一年暑假，他去当导游，旅行路线包括在前往芝加哥的途中到华盛顿特区游览一天。

卓根抵达华盛顿后住进威乐饭店，他在那里的账单已经预付过了。他的外套口袋里放着飞往芝加哥的机票，裤袋里则装着护照和钱。当他准备就寝时，发现由于自己的粗心大意，放在裤袋里的皮夹不翼而飞。他立刻跑到柜台那里找到经理，说明了情况。

“我们会尽量想办法。”经理说。第二天早上，仍然找不到，他越想越是生气，越想越是懊恼。这样折腾了一夜之后，他突然对自己说：“不行，我不能再这样一直沉浸在悔恨当中了，我要好好看看华盛顿。好在今天晚上还有机票到芝加哥去，一定有时间解决护照和钱的问题。现在正是享受的好时候。”

于是他立刻动身，徒步参观了白宫和国会山，并且参观了几座博物馆，还爬到华盛顿纪念馆的顶端。他去不成原先想去的阿灵顿和许多别的地方，但他看过的，他都看得很仔细。等他回到丹麦以后，这趟美国之旅最使他怀念的是在华盛顿漫步的那一天。

如果他一直抓住过去的错误不放，那么这宝贵的一天就会白白溜走。放下过去的错误，向前看，才能有更多的收获。我们一生当中会犯很多错误，如果每一次都抓住错误不放，那么我们的人生恐怕只能在懊悔中度过。很多事情，既然已经没有办法挽回，就没有必要再去惋惜悔恨了。与其在痛苦中挣扎浪费时间，还不如重新找到一个目标，再一次奋发努力。

适度地把握原则

讲求原则是做人做事的一大要素，没有原则性的人，常常会做出一些越位的事情。史蒂文森说过：“为原则斗争容易，而为原则活着难。”人们总是在一些关键时刻找出种种理由放弃原则。所以，在关键的时刻是否能够坚持原则，常常是判断一个人情商高低的重要依据。

美国前总统乔治·布什就是个原则性很强的人。

1981 年春，当时身为副总统的布什正在一次飞往外地的例行公务旅行的飞机“空军 2 号”上。突然布什接到国务卿黑格从华盛顿打来的电话：“出事了，请你尽快返回华盛顿。”

几分钟后的一封密电中告知总统里根已中弹，正在华盛顿大学医院的手术室里接受紧急抢救，飞机掉头飞向首都华盛顿。

飞机在安德鲁斯着陆前45分钟，布什的空军副官约翰·马西尼中校来到前舱为结束整个行程做准备。飞机缓缓下滑时，马西尼突然想出了个主意，他说："如果按常规在安德鲁斯降落后，再换乘海军陆战队一架直升机，飞抵副总统住所附近的停机坪着陆，再驾车驶往白宫，要浪费许多宝贵时间，不如直接飞往白宫。"布什考虑了一下，决定放弃这个紧急到达的计划，仍按常规行事。

"我们到达时，市区交通正处高峰时期，"马西尼提醒道，"街道上的交通很拥挤，坐车到白宫要多花10—15分钟的时间。"

"也许是这样，但是我们必须这样做。"布什说。马西尼点点头："是的，先生。"说着走向舱门。

看到马西尼中校显得疑惑不解，布什解释道："约翰中校，只有总统才能在南草坪上着陆。"布什坚持着这条原则：美国只能有一个总统，副总统不是总统。

在那样紧急的情况下，布什还能坚持原则，实在值得敬佩。而在日常生活中，一个人是否坚持原则常常被很多人忽略。实际上，这一点非常重要，是其他东西包括金钱、地位、权力等无法代替的。

哈佛告诉学生：当你踏入社会之后，不论干什么，都应该做一个坚持原则的人，这一点在任何时候都不应该改变。而哈佛大学在世界上的名气与地位不能不说与他们的校长坚持原则有一定的关系。

第一次世界大战期间，哈佛大学心理学教授穆斯特伯格被怀疑是德国间谍，校内外很多人向哈佛大学施加压力，要求将其解聘。昔日的一位校友甚至提出：只要解聘穆斯特伯格，他愿意为学校捐资1000万美元。

为了平息当时的舆论和压力，穆斯特伯格教授也主动表态：只要那位校友把500万美元汇入学校账户，他立即辞职。但是，时任校长的洛厄尔明确表示：哈佛虽然乐于接受捐助，但不会为了钱去损害学术自由，更不会为此辞退教授或接收教授的辞呈。

在美国历史上，有八位总统是哈佛大学的毕业生，并且，哈佛还曾为华盛顿总统、杰弗逊总统、艾森豪威尔总统、肯尼迪总统等好几位美国总统授予荣誉学位。哈佛学位的授予，对美国总统来说，是一种难得的荣耀，因此每届美国总统无不期望之。

1986年哈佛350周年大庆，里根总统即让人放话：自己很乐意到哈佛进行现场讲演，但条件是授予他荣誉博士学位……

鲍克校长立即做出了回答："我无意奉承总统的虚荣心！"一时间舆论哗然，但大多数人支持鲍克校长：因为他坚持了大学的独立性，拒绝将神圣的学术世俗化、庸俗化。

坚持原则可以获得别人的尊敬和信任，而不能坚持自己原则的人往往会迷失自我。

过了10多年了，约克还是忘不了1995年的圣诞之夜，那天晚上，约克参加了大学同学组织的圣诞晚会。晚会结束时，将近凌晨了，在这种时候，谁不想早点儿到家呢？约克走得飞快，只差跑起来了。

刚走到路口，红绿灯就变了。对着约克的行人灯转成了"止步"：灯里那个小小的影儿从绿色的、大步走路的形象变成了红色的、双臂悬垂的立正形象。

这个时候，约克看没什么车辆，就毫不犹豫地走向马路……

"站住！"身后传过来一个苍老的声音，打破了沉寂的黑暗。约克的心悚然一惊，原来是一对老夫妻。

约克转过身，惭愧地望着那对老人。

老先生说："现在是红灯，不能走，要等绿灯亮了才能走。"约克的脸突然烧了起来。他喃喃地说："对不起，我看现在没车……"

老先生说："交通规则就是原则，不是看有没有车。任何情况下，任何人都必须遵守原则！"从那一刻起，约克再也没有闯过红灯，他也一直记着老先生的话："在任何情况下，都必须遵守原则，不然就会丢失自己！"

如上面的例子一样，在日常生活中，我们常常也会遇到类似的一些情况，使我们在放弃还是不放弃自己的原则之间徘徊，这个时候，我们不要有很多的顾虑，坚持自己的原则就好。

因为如果没有原则，就等于没有了衡量对与错的尺度。连自己都不知道哪些事该做，哪些事不该做，那就很容易走入歧途。因为人的社会属性决定了时时事事都要受到社会公认的法律和道德等准则的约束，不可能游离于社会之外。

当然，坚守原则不等于不知变通，我们也是要随着变化着的社会而不断地作出调整。另外，还要能够适合现代的要求，不要让原则束缚和禁锢自己的思想。

总之，原则不可忽视。适度地把握原则，能够不断完善人生，并在不断的进步中快乐自己、奉献社会。

第十章　多渠道沟通，减少误解

高情商的人必定是个“话题高手”

表达自己是谋求双赢之道不可缺少的，了解别人固然重要，但我们也有必要让自己被人了解，这就需要良好的沟通能力。人与人的交往需要沟通，良好的沟通能力在工作中是不可缺少的，一个高效能人士绝不会是一个性格孤僻的人，而应该是一个能设身处地为别人着想、充分理解对方、不针锋相对地对待他人的人，这其中就蕴含着沟通的艺术与技巧。

一个高情商人士通常都具备出色的沟通能力，为此，他必须是一个“话题高手”，善于谈论他人感兴趣的话题。

凡拜访过罗斯福的人，都惊叹于他知识的渊博。“无论是牧童、野骑者、纽约政客或外交家，”布莱特福写道，“罗斯福都知道同他谈什么。”他是怎么做到的呢？

答案极为简单。无论什么时候，罗斯福每接待一位来访者，他会在前一个晚上迟一点睡觉，以便阅读客人特别感兴趣的话题。因为罗斯福同所有的领袖一样，知道赢得人心的秘诀就是与他谈论他最感兴趣的事情。

所以，如果我们想在沟通中更好地影响他人，就应当养成谈论他人感兴趣的话题这个好习惯，这样才能真正地知彼。

一个出色的沟通者还必然是一个主动的沟通者，相对于被动沟通者而言，前者更容易与他人建立并维持良好的人际关系，更可能在人际交往中获得成功。

沟通时要注意保持高度的注意力，因为没有人喜欢自己的谈话对象总是左顾右盼、心不在焉的。沟通中最佳的表达应该是信息充分而又无冗余的。最常见的例子就是你一不小心踩了别人的脚，那么一声“对不起”就足以表达你的歉意，如果你还继续说：“我实在不是有意的，别人挤了我一下，我又不知怎的就站不稳了……”这样啰唆反倒令人反感。

钓鱼的时候，必须放对鱼饵。成功的人际关系在于你能拥有捕捉对方观点的能力。还有，看一件事须兼顾你和对方的不同角度。天底下只有一种方法可以影响他人，那就是提出他们的需要，并让他们知道怎样去获得。

我们可以这样比喻：如果你不让你的孩子吸烟，你无须训斥他，只要告诉孩子，吸烟不能参加棒球队，或者不能在百码竞赛中夺标。不管你要应付小孩，还是一头小牛、一只猿猴，这都是值得你注意的一件事。

有一次，爱默生和他儿子想使一头小牛进入牛棚，他们就犯了一般人常有的错误，只想到自己所需要的，却没有顾及那头小牛的立场……爱默生推，他儿子拉。而那头小牛也跟他们一样，只坚持自己的想法，于是就挺起它的腿，强硬地拒绝离开那块草地。

这时，旁边的爱尔兰女佣人看到了这种情形，她虽然不会写作文章，可是对于这些，她颇知道牛马牲畜的感受和习性，她马上想到这头小牛所要的是什么。

女佣人把她的拇指放进小牛的嘴里，让小牛吸吮着她的拇指，然后再温和地引它进入牛棚。

从我们来到这个世界上的第一天开始，我们的每一个举动，每一个出发点，都是为了自己，都是为了我们需要而做。

哈雷·欧佛斯托教授在他一部颇具影响力的书中谈及："行动是由人类的基本欲望中产生的……对于想要说服别人的人，最好的建议是无论在商业上、家庭里、学校中、政治上，在别人心念中，激起某种迫切的需要，如果能把这一点做成功，那么整个世界都将属于他，再也不会碰钉子，走上穷途末路了。"

拥有卓越情商的人，通常都是人际沟通高手。他们能够轻松解决一些别人认为很棘手的问题，有时甚至能化解危机。沟通好能够促进双方的理解，从而达成互相的信任，而不会沟通的人则会把事情越弄越糟。

人造奶油发明之初，尽管人造奶油业者确信无论品质、味道、营养价值，均可以取代天然奶油，而且广做宣传，鼓吹人造奶油的优点，可是，美国民众还是认为人造奶油的味道较天然奶油差，而不愿意购买。

于是，商家商讨出一个计策：他们邀请数十位家庭主妇参加午餐会。餐后，询问他们是否能够辨别天然奶油和人造奶油。90%以上的主妇，均极有信心地表示能够分辨，人造奶油较为油腻，吃起来似乎有股臭味，令人不敢领教。这时，支持实验的人员，分给每位妇女两块奶油，一黄一白，请她们品尝辨别。结果，95%以上的妇女，认为白色奶油味道鲜美、香醇，一定是天然奶油。至于黄色的奶油，色泽不佳，准是人造奶油。

事实却正好相反，白色的是人造奶油。主妇们基于传统的习惯，印象中好的奶油应该是洁白而稍带光泽，所谓味觉的分辨，也纯粹是心理作用，其实没有什么根据。在事实和切身体验面前，她们不得不放弃人造奶油不如天然奶油的成见。

很显然，这一事件的策划者是不可多见的高情商者，他们懂得他们的目标不是要"打倒"这些家庭主妇，也不是要靠激烈的辩论来赢取胜利。他们的最终目标是通过以上的事实使他们之间产生信任的基础——理解，这是沟通的重要目的。

站在对方的角度看问题

我们没有必要把自己的想法强加给别人，但是却必须学会从他人的角度思考问题。用以心换心的方式与人交往，甚至是自己的亲人也要站在对方的角度去感受，这才是一个高情商的人。

一位母亲在圣诞节带着 5 岁的儿子去买礼物，大街上回响着圣诞赞歌，橱窗里装饰着彩灯，盛装可爱的小精灵载歌载舞，商店里五光十色的玩具琳琅满目。

"一个 5 岁的男孩将以多么兴奋的目光观赏这绚丽的世界啊！"母亲毫不怀疑地想。然而她绝对没有想到，儿子呜呜地哭出声来。"怎么了，宝贝？”“我……我的鞋带开了……”母亲不得不在人行道上蹲下身来，为儿子系好鞋带。母亲无意中抬起头来，啊，怎么什么都没有？没有绚丽的彩灯，没有迷人的橱窗，没有圣诞礼物……原来那些东西都太高了，孩子什么也看不见！这是这位母亲第一次从 5 岁儿子目光的高度眺望世界。她感到非常震惊，立即起身把儿子抱了起来……

从此这位母亲牢记，再也不要把自己认为的“快乐”强加给儿子。“站在孩子的立场上看待问题”，这位母亲通过自己的亲身体会认识到了这一点。

孩子看见的东西，母亲不一定能看到，而母亲能看到的东西，孩子不一定能看到。然而如果母亲放低身子或让孩子抬高角度，那么彼此之间就会有不一样的感受。在与人交往中也要站在对方的角度看问题，如果把角色“互换”一下，就很可能轻松地打破僵局。

斯特准备招待几个朋友，当他拉开汽车车门时，由于用力过度，车门坏了，他伤心地流下了眼泪。这时，他的朋友正好赶来，便上前劝他。

第一个朋友道：“唉，车门又值不了多少钱，再去买一扇不就行了，又何必哭得如此伤心呢？”

第二个朋友道：“我建议你到法院去，控告制造这汽车的厂商，请求赔偿。反正官司打输了，也不用你付钱啊！”

第三个朋友道：“你能够将这车门给弄坏，像你这么强的臂力，我连羡慕都还来不及呢，你又有什么好哭的啊？”

第四个朋友道：“不用担心，大家一起来研究看看，一定有什么东西，可以将车门装好，我们一定可以找到办法的。”

“你们所说的这些，都不是我要哭的原因。真正的重点是，我明天非得要花费几个小时，才可以修好车，这样就不能带大家一起出去兜风了……”

每个人都有自己既定的习惯和立场，容易忘却他人的想法。那么，换位思考到底是什么呢？其实就是从对方的立场来看事情，以别人的心境来思考问题。换位思考不但需要转换思维模式，还需要一点好奇心来探求他人的内心世界。

沟通大师吉拉德说："当你认为别人的感受和你自己的一样重要时，才会出现融洽的气氛。"我们需要多从他人的角度考虑问题，如果对方觉得自己受到重视和赞赏，就会报以合作的态度。如果我们只强调自己的感受，别人就不会与你交往。

在美国的一次经济大萧条中，90%的中小企业都倒闭了，一个名叫克林斯的人开的工厂也面临倒闭。克林斯为人宽厚善良、慷慨体贴，交了许多朋友。在这举步维艰的时刻，克林斯想要找那些朋友帮帮忙，于是就写了很多信。可是，等信写好后才发现：自己连买邮票的钱都没有了！

这同时也提醒了克林斯：自己没钱买邮票，别人的日子也好不到哪里去。于是，克林斯把家里能卖的东西都卖了，用一部分钱买了一大堆邮票，开始向外寄信，还在每封信里附上2美元，作为回信的邮票钱。

他的朋友和客户收到信后，都大吃一惊，因为2美元远远超过了一张邮票的价钱。每个人都被感动了，他们想起了克林斯平日的种种好处和善举。

不久，克林斯就收到了订单，还有朋友来信说想要给他投资，一起做点什么，他的生意很快有了起色。在这次经济萧条中，他是为数不多的站住脚而且有所成就的企业家。

如果克林斯没有站在对方的角度想问题，也许他不会收到订单，更不会起死回生。可见为对方着想就是为自己着想，这才是高情商者应具备的品质。

哈佛告诉学生：在人际交往中，千万不要以自我为中心而完全不顾他人的颜面、立场，如果将自己的价值标准强加在别人的头上，轻则得到的是不和谐的人际关系，重则可能使自己头破血流，一无所获。

时常有些人抱怨自己不被他人理解，其实，换个角度可能别人也有同样的感受。当我们希望获得他人的理解，想到"他怎么就不能站在我的角度想一想呢"时，我们也可以尝试自己先主动站在对方的角度思考，也许会得到意想不到的答案，许多矛盾、误会等也会迎刃而解。

卡耐基有一个保持了多年的习惯，经常在他家附近的公园内散步。令他痛心的是，每一年树林里都会失火。那些火灾几乎全是那些到公园里野餐的孩子引起的。卡耐基决定尽自己所能改变这种状况，他威胁不听话的孩子要叫警察把他们抓起来。卡耐基后来说自己只是在发泄某种不快，根本没有考虑过孩子们的感受。那些孩子即使服从了，等卡耐基一走，他们很可能又把火生了起来。

后来，卡耐基意识到必须换一种方式来和那些孩子沟通。他再次看到孩子们在树林里生火时，就微笑着问他们："孩子们，你们玩得高兴吗？"卡耐基和孩子们打成了一片。在与孩子的交往中给他们灌输不要玩火的思想，比如：生火时要离枯叶远一点，不要在大风的天气中生火，等等。孩子们立刻就照做起来。

显然，卡耐基后面的做法效果大不一样，那些孩子很愿意合作，而且毫不勉强。事实证明，只要我们多考虑别人的感受，多从别人的角度看问题，即便是很尖锐的矛盾也能缓和下来。因此，如果你想得到别人的配合，最好真诚地从他的角度来考虑。

在纽约银行工作的芭芭拉·安德森，为了儿子身体的缘故，想要迁居到亚利桑那州的凤凰城去。于是，她写信给凤凰城的12家银行，她的信是这么写的：

敬启者：

我在银行界的10多年经验，也许会使快速增长中的银行对我感兴趣。

本人曾在纽约的金融业者信托公司负责过许多不同的业务处理工作，现在则是一家分行的经理。我对许多银行工作，诸如与存款客户的关系、借贷问题或行政管理等，皆能愉快胜任。

今年5月，我将迁居至凤凰城，故极愿意能为你们的银行贡献一己之长，看是否能对你们银行有所助益。我将在4月3日的那个星期天到凤凰城去，如能有机会做进一步深谈，则不胜感谢。

芭芭拉·安德森谨上

你认为安德森太太会得到任何回音吗？11家银行表示愿意面谈。所以，她还可以从中选择待遇较好的一家呢！为什么会这样呢？安德森太太并没有陈述自己需要什么，只是说明她可以对银行有什么帮助。她把焦点集中在银行的需要，而非自己。

卡耐基有一个避免争执的神奇句子："我不认为你有什么不对，如果换了我肯定也会这样想。"这句话能使最顽固的人改变态度，而且你说这句话时并不是言不由衷，因为人类的欲望和需求是大致相同的，如果真的换了你，你就会有他那样的想法和感觉，尽管你也许不会像他那样去做。

在说话之前听听别人的意见

在交往中，每个人都希望别人能听自己的话，这是人的一种心理需求。如果一个人在交际中总是以自己为中心，滔滔不绝地谈论自己，就会让人感到乏味和厌倦。所以，西方人常说："与人交谈，犹如弹弦一般，当别人感到乏味时，便要把弦按住，使它停止振动、发声。"当你忍不住要夸夸其谈的时候，请多想想会带来的恶果吧！

玫琳凯在《玫琳凯谈人的管理》一书中，对倾听的影响做了如此说明："我认为不能听取别人的意见，是自己最大的疏忽。"玫琳凯经营的企业能够迅速发展壮大，其成功秘诀之一是她相当重视每个人的价值，而且很清楚员工除了需要金钱、地位外，还需要一个真正能倾听他们意见的知心人。因此，她严格要求自己，并且让所有的下属铭记这条金科玉律：倾听，是最优先的事，绝对不可轻视倾听的力量。

在近海的新泽西，乌顿先生在一家百货商店买了一套衣服。这套衣服令人失望：上衣褪色，把他的衬衫领子都弄黑了。

后来，他将这套衣服带回该店，找到卖给他衣服的店员，告诉他事情的情形。他想诉说此事的经过，但被店员打断了。"我们已经卖出了数千套这种衣服,”这位售货员反驳说,“你是第一个来挑剔的人。”

正在激烈辩论的时候,另外一个售货员加入了。“所有黑色衣服起初都褪一点颜色,”他说,“那是没有办法的,这种价钱的衣服就是如此,那是颜料的关系。”

“这时我简直气得起火,” 乌顿先生讲述他的经历时说,“第一个售货员怀疑我的诚实,第二个暗示我买了一件便宜货。我恼怒起来,正要骂他们,突然间经理踱了过来,他懂得他的职责,正是他使我的态度完全改变了。他将一个恼怒的人,变成了一位满意的顾客。他是如何做的?他采取了三个步骤:第一,他静听我从头至尾讲我的经过,不说一个字。第二,当我说完的时候,售货员们又开始要插话发表他们的意见,他站在我的观点与他们辩论。他不但指出我的领子是明显被衣服所污染的,并且坚持说,不能使人满意的东西,就不应在店里出售。第三,他承认他不知道毛病的原因,并率直地对我说:‘你要我如何处理这套衣服呢?你说什么,我都可照办。’”

“他建议我这套衣服再试一个星期。‘如果到那时仍不满意,’他应许说,‘请您拿来换一套满意的。使你这样不方便,我们非常抱歉。’”

“我满意地走出了这家商店。一星期后这衣服没有毛病,我对于那家商店的信任也就完全恢复了。”

始终挑剔的人,甚至最激烈的批评者,常会在一个忍耐、同情的静听者面前软化降服,这位静听者即使在气愤的寻衅者像一条大毒蛇张开嘴巴吐出毒物一样的时候也要静听。那个经理倾听客户的不满声音,在倾听中表示对客户的尊重,所以,经理化解了一场纠纷。

丽塔是纽约劳动保障部门人缘最好的人。但过去的情形不是这样的,她刚来的那几个月里,连一个朋友都没有。因为她话说得太多,她总是不厌其烦地讲自己的旅行经历、工作成绩、特长,等等。

“我干得不错,并且为此自豪。”丽塔在卡耐基的课上说,“可是我的同事对我很冷淡。我希望他们都喜欢我,成为我的朋友。在听了卡耐基先生的一些建议后，我很少再谈自己，我以最大的耐心听同事说话，他们也需要把自己的成就告诉我。现在，我和他们在一起聊天的时候，我就让他们把他们生活中有趣的事告诉我，我学会了分享他们的快乐。至于我自己，只有在他们问我的时候才说一说。”

也许你很愿意谈自己，但别人也是这样，因此你老是谈自己别人就会不耐烦。其实仔细想一想，自己也没什么好谈的，因为你说得再多也不可能使自己变得更理想，反而给人留下夸夸其谈的印象。如果你要赢得别人的喜爱，不妨鼓励对方多谈谈他自己，倾听对方的声音，这样的交往方式才是高情商者的方式。

倾听，不仅要倾听别人的声音，也要倾听平时少为人听或不为人听的声音，因为那里面也许藏有珍宝。学会倾听，发掘生活中的小秘密，这就是许多人走向成功的秘诀。

辛格曼·弗洛伊德算是近代最伟大的倾听大师了。一位曾遇到过弗洛伊德的人，描述着他倾听别人时的态度：“那简直太令我震惊了，我永远都不会忘记他。他的那种特质，我从没有在别人身上看到过，我也从没有见过这么专注的人，有这么敏锐的灵魂洞察力和凝视事情的能力。他的眼光是那么谦逊和温和，他的声音低沉，姿势很少。但是他对我的那份专注，他表现出的喜欢我说话的态度——即使我说得不好，还是一样，这些真的是非比寻常。你真的无法想象，别人像这样听你说话所代表的意义是什么。”静听他人的声音，并通过这种静听打开生活的玄机，既是对人世的通明，也是对人生的洞彻。在说话之前学会倾听别人的意见，能让你更加受欢迎。

有一位美国管理学专家说过，高效经理人的秘诀之一，就是先倾听别人的意见。这体现了对别人的尊重。作为下属，如果他的老板能够专心倾听他说话，他会感到幸福。作为合作伙伴，如果对方给他首先说话的机会，他马上会对其产生好感。另一方面，只有听了别人的意见，才能够知道他心里想的是什么，也就能相应地作出反应，有利于决策的优化。而如果不愿意倾听别人的话，则会让人非常不快，弄不好还会闹出冲突来。

艾萨克·马科森大概是世界上采访著名人物最多的人之一。他说，许多人没有给别人留下好印象，是由于他们不了解别人的意见，只是自顾自地发表意见。“他们如此津津有味地讲着，完全不听别人对他讲些什么。许多知名人士对我讲，他们重视首先听别人意见的人，而不重视只管说的人。然而，看来人们听的能力弱于说的能力。”

信任的力量是无穷的

有位哈佛教授曾经说过：“不相信别人，表面上看是对别人的猜疑，其实是对自己的一种不信任，至少是对自己信心不足。”有些人在日常生活中总是认为别人在背后议论自己，看不起自己；还有一些人因为自己有过上当受骗的经历，在被骗的过程中遭受了很大的精神损失和情感挫折，慢慢地就不敢再相信别人了。一个充满了自信心的人，对别人也会更加信任，当然也就不容易产生猜疑心理。而那些对环境、对他人、对自己缺乏信心的人，则会在人际交往中不自觉地抱着自我防卫心理，其实这就是一种作茧自缚。只有相信他人，才不会迷失自己，才能走出猜疑的迷阵，跨越生命中的坎坷。

一艘货轮在烟波浩渺的大西洋上行驶，一个在船尾搞勤杂的黑人小孩不慎掉进了波涛滚滚的大西洋。孩子大喊救命，求生的本能使孩子在冰冷的水里拼命地游，他用全身的力气挥动着瘦小的双臂，努力使头伸出水面，睁大眼睛盯着轮船远去的方向。

船越来越远，船身越来越小，到后来，什么都看不见了，只剩下一望无际的汪洋。孩子的力气快用完了，“不，船长知道我掉进海里后，一定会来救我的！”想到这里，孩子鼓足勇气用生命的最后力量又朝前游去……

船长终于发现那黑人小孩失踪了，当他断定孩子是掉进海里后，下令返航，回去找。终于，在那孩子就要沉下去的最后一刻，船长赶到了，救起了孩子。

当孩子苏醒过来之后，跪在地上感谢船长的救命之恩时，船长扶起孩子问："孩子，你怎么能坚持这么长时间？"孩子回答："我知道您会来救我的，一定会的！""怎么知道我一定会来救你的？""因为我知道您是那样的人！"

听到这里，白发苍苍的船长紧紧地抱住了这个孩子，他觉得这是自己做过的最正确的一件事情。

一个人不仅要相信自己，更要相信他人。青少年在日常的人际交往中，要给予同学和朋友起码的信任。在面对问题的时候，除了冷静思考，还要多给别人一些信任，多给这个世界一些信任。在信任与理解中，每个人都会获得快乐。有的时候，信任的力量是无穷的。

德里斯·科尔曾说过："人们对服务机构的满意程度可以从他们的信赖度充分显示出来。"你和你信赖的人共事吗？他们是否同样也信任你呢？这两个问题的答案可以充分显示出工作环境的品质。爱德华兹·戴明说："要是没有信赖感，人与人之间或是团队与团队、部门与部门之间就没有合作的基石。""没有信赖的基础，每个人都会试图保护自己眼前的利益，但是这么做却会对长期的利益造成损害，并且会对整个体系造成伤害。"

朋友间的相处，伤害往往是无心的，帮助却是真心的，不要因朋友偶尔的过失而失去对他的信任。相信朋友，就等于相信自己。你若能宽容相待，你的朋友必然会以最大的忠诚回报你。

只因偶尔的过错完全否定自己的朋友，以至于不再信任他了，这不仅是对朋友的背叛，也是对自己的背叛。你本人最清楚：这个朋友正是你自己寻觅到的。过错与过错是不一样的，有的过错不可原谅，有的过错可以原谅。对朋友偶尔犯下的过错，只要他承担了自己应负的责任，作为朋友理当予以原谅。

阿拉伯传说中有两个朋友在沙漠中旅行，在旅途中他们吵架了，一个还给了另外一个一记耳光。被打的那位觉得受辱，一言不发，在沙子上写下：今天我的好朋友打了我一巴掌。他们继续往前走。直到到了沃野，他们决定停下。被打巴掌的那位差点淹死，幸好被朋友救了起来。被救起后，他拿了一把小剑在石头上刻了：今天我的好朋友救了我一命。

一旁好奇的朋友问道："为什么我打了你以后，你要写在沙子上，而现在要刻在石头上呢？"另一个笑笑回答说："当被一个朋友伤害时，要写在易忘的地方，风会负责抹去它；相反，如果被帮助，我们要把它刻在心灵深处，在那里任何风都不能磨灭它。"

或许，朋友对你的伤害是无意间造成的，朋友间有了裂痕就需要用宽容来弥合。信任是伸向失望的一双手，一个小小的动作能改变一个人的一生。不要因偶尔的过错就失去对朋友的信任，宽容你的朋友吧，说不定在你的身边会出现奇迹。

哈佛告诉我们：无论是与他人相处，还是与朋友相处，都要相信对方，因为相信对方就是相信你自己。

沟通有技巧，情商帮你忙

在现实生活中，人们常常根据一个人的讲话水平和风度来判别其学识、修养和能力。美国人早在20世纪40年代就把"口才、金钱、原子弹"看作是在世界上生存和发展的三大法宝。60年代以后，又把"口才、金钱、电脑"看作是最有力量的三大法宝，"口才"一直独冠三大法宝之首，足见其作用和价值。

现代社会需要那种机敏灵活、能言善辩的活动分子。羞怯拘谨、笨嘴笨舌、老实巴交的人，在现代社会不会成为出类拔萃的人才。有些人很有知识，就是因为缺乏"嘴巴上的功夫"，因而得不到人们的认可与赏识。沟通其实就是说话的学问，一个能言善辩的人能够把话说得滴水不漏，而不善言辞的人往往显得笨嘴拙舌。那么怎样沟通才有效果呢?

要让对方多开口。

有一个年轻人,去向大哲学家苏格拉底请教演讲术。为了表示自己有好口才,他滔滔不绝地讲了许多话。最后,苏格拉底要他缴纳双倍的学费。

那年轻人惊诧地问道:“为什么要我加倍呢?”

苏格拉底说:“因为我得教你两样功课,一是怎样闭嘴,另外才是怎样演讲。”

成功的人大多是社交专家,然而出色的社交专家并不是我们所认为的口若悬河。真正懂交往之道的都是运用语言的大师,他们深谙人们的心理,了解人人都有表现欲,于是让对方多开口成了一条金科玉律。著名的成功学大师卡耐基先生曾说:“最出色的沟通艺术,是会听而不是会讲。”

一次在《纽约民众导报》的经济专栏中刊登着一大幅广告,宣传一家公司正在招聘一有特别能力与经验的人。柯博斯应征了,面试以前他花费了许多时间在华尔街尽力打听所有关于招聘公司的资料。在面试的时候,他说:“我能同一个有像你们这样具有非凡经历的机构共事,我颇感自豪。我听说你们在28年前创业时,除一室、一桌、一速记员外,一无所有,这是真的吗?”

许多成功的人,都喜欢回忆自己早年的奋斗历程,这个负责招聘的人也不例外。最后,他简单地问了柯博斯的经历,然后对他的一位副手说:“我想这就是我们正在寻找的人。”

事实上,柯博斯并没有在他面前表现出多么优秀的能力与经验,他做的事情很简单,就是让对方说话。我们在关注口才的重要性的同时,首先要学会的并不是要我们会辩论,而是少说多听。

要从相同的观点说起。

在与他人沟通的技巧中,“求同存异”是一个屡试不爽的佳法。周恩来总理的出色外交魅力,在万隆会议上有充分的展示,也就是在此次会议上,他针对大家的分歧,提出“求同存异”,作出了不可磨灭的贡献。

所谓“求同”，就是要求我们从相同的观点以及共同的兴趣（关注点）开始，这样利于双方谈话氛围的和谐；而“存异”则是要我们尽量先不提分歧很大的观点、事物，这些只会破坏我们的谈话氛围。

社会心理学研究表明，人们都乐于同与自己有相近之处的人交往、谈话。因为相似因素，既能有效地减少双方的恐惧和不安，解除戒备，又能发出可以共同接受的信息，能有相同、相似的理解，产生相同、相近的情绪体验，进而在感情上产生共鸣。相似的社会经历，会使人产生相同或相似的切身感受，容易互相理解，引起感情上的共鸣。一方讲述的生活经历，能引起另一方对往事的回忆；一方吐露的心声，会成为双方共同的感慨。

要对他感兴趣。

人人都希望自己能受到别人的欢迎，但要做到这一点，并不是很容易的事情。如果只想在别人面前表现自己，使别人对你感兴趣的话，你将永远不会有许多诚挚的朋友。真正的朋友，不是以这种方式来交往的。

已故的维也纳著名心理学家亚德勒在一本书名为《人生对你的意识》的书中说道：“不对别人感兴趣的人，他一生中的困难最多，对别人伤害也最大。所有人类的失败都出于这种人。”

事实上，每一个生命都是独一无二的，每一个生命都是一道独特的风景，只要你有足够的耐心，你会发现每一个人身上都有可爱的地方。你对别人感兴趣，换个角度看，就表明别人的价值和魅力在你这里得到了承认，这是每个人都渴望拥有的一种感觉。如果你能满足别人的这种渴望，你想不受欢迎都很难。

如果你要交朋友，就要以高兴和热诚的情绪去迎合别人。当你接电话时，声音要显出你很高兴他打电话给你。纽约电话公司训练他们的接线员，要求口气要显露出愉快的心情：“您好，我很高兴为您服务。”如果你希望别人喜欢你，就要抓住其中的诀窍：了解对方的兴趣，针对他所喜欢的话题与他聊天。

要让对方说“是”。

要想和别人建立合作关系，在与人交谈的时候必须记住至关重要的一点：不要从分歧开始，而要从双方都同意的地方开始。这么做能够让对方意识到你们的目标是一致的，不同的只是方法而已。谈话的开始阶段极为重要，如果你从一开始就使对方说“是”，你将获得事半功倍的效果；反之，你将面临重重障碍。

一位心理学家说过，最难突破的心理障碍就是那个“不”字，当一个人说了“不”，他的尊严就会要求他无论对错都要坚持到底。这种心理模式很容易理解，一个人在说了“不”之后，他的心理状态就会倾向于否定，他全身各组织器官——神经系统、内分泌系统、肌肉等全都呈现出抗拒的状态，如果你注意观察，你甚至能看到他的身体在收缩。如果对方一开始就说了“是”，那么在后面的谈话过程中，他的心理状态就会倾向于肯定，他的身体也呈现出接受和开放的状态。

让对方说“是”往往比让他说“不”有利，强硬地批评或指责对方往往就是对方说“不”的诱因，为什么不换一种战术来让他接受你的建议呢？

任何一位高效的沟通者，都会在不知不觉中使用一些技巧来达到他们说话的目的，而让对方说“是”无疑是其中的一个好办法。它节约了双方大量的时间，那些毫无意义的思考，往往带来的结果并不令人满意。因此，学会运用这一技巧很重要，同时也非常实用。

总之，一个具有较高情商的人，他的影响力往往可以得到充分的发挥和施展，从而取得更大的成功。在今天这个凡事都离不开分工合作的时代里，情商直接决定了一个人的沟通能力，情商高的人能够游刃有余地与自己的下级、同事、上级、周围的人沟通。

智商高，情商也高的人，春风得意。

智商不高，情商高的人，贵人相助。

智商高，情商不高的人，怀才不遇。

智商不高，情商也不高的人，一事无成。

高情商的人知己知彼，具有了解别人的能力，包括别人行事的动机与方法，以及如何与别人合作。能够认知他人的情绪、性情、动机、欲望，并能做出适度的反应，具有对自己有准确的认知并能据此认知来解决人生问题的能力。

善于倾听，做心灵的守护者

能说会道的人最受欢迎，善于倾听的人才真正深得人心。《读者文摘》有一篇文章说道："许多人请医生，他们所要的，不过是一个倾听者。"像那些有名的心理医生那样，倾听是他们最重要的治疗，而且能直达人心灵。

美国南北战争曾经陷入一个困难的境地，当时身为美国总统的林肯，心中有来自多方面的压力。他把他的一位老朋友请到白宫，让他倾听自己的问题。

林肯和这位老朋友谈了好几个小时，他谈到了发表一篇解放黑奴宣言是否可行的问题。林肯一一检讨了这一行动的可行和不可行的理由，然后把一些信和报纸上的文章念出来。有些人怪他不解放黑奴，有些人则因为怕他解放黑奴而谩骂他。在谈了数小时后，林肯跟这位老朋友握握手，甚至没问他的看法，就把他送走了。

这位朋友后来回忆说："当时林肯一个人说个不停，这似乎使他的心境清晰起来。然后，他在说过这些话后，似乎觉得心情也舒畅了许多。"当时遇到巨大麻烦的林肯，并不是需要别人给他忠告，而只是需要一位友善的、具有同情心的倾听者，以便减缓心理上的巨大压力，解脱思想上的极度苦闷。

心理学家已经证实：倾听可以减除他人的压力，帮助他人清理思绪，而且还可以净化心灵。倾听对方的任何一种意见或议论就是尊重，以同情和理解的心情倾听别人的谈话，不仅是维系人际关系、保持友谊的最有效的方法，更是解决冲突、矛盾和处理抱怨的最好方法。根据人性的特点，人们往往对自己的事更感兴趣，对自己的问题更关注，更喜欢自我表现。

一旦有人专心倾听谈论自己时，就会感到自己被重视，体会到自己的心灵，感受自己的感受。倾听他人的声音，就能真实地了解他人，增加沟通的效力。一个不懂得倾听的人，通常也是一个不尊重别人的观点和立场、缺乏协调性的人。这种人无可避免地会造成他人的反感。

连平是罗宾见到过的最受欢迎的人士之一。一天晚上，罗宾碰巧到一个朋友家参加一次小型社交活动。他发现连平和一个漂亮女孩坐在一个角落里。出于好奇，罗宾远远地看了一段时间。罗宾发现那个女孩一直在说，而连平好像一句话也没说。他只是有时笑一笑，点一点头，仅此而已。几小时后，他们起身，谢过男女主人，走了。

第二天，罗宾见到连平时禁不住问道："昨天晚上我在斯旺森家看见你和最迷人的女孩在一起，她好像完全被你吸引住了，你是怎么做到的？"

"很简单。"连平说，"斯旺森太太把苏珊介绍给我，我只对她说：'你的皮肤晒得真漂亮，在冬季也这么漂亮，是怎么做的？你去哪了？阿卡普尔科还是夏威夷？'

"'夏威夷。'她说，'夏威夷永远都风景如画。'

"'你能把一切都告诉我吗？'我说。

"'当然。'她回答。我们就找了个安静的角落，接下去的两个小时她一直在谈夏威夷。

"今天早晨苏珊打电话给我，说她很喜欢我陪她。她说很想再见到我，因为我是最有意思的谈伴。但说实话，我整个晚上没说几句话。"

很简单，连平只是让苏珊谈自己。他对每个人都这样——对他人说："请告诉我这一切。"这足以让一般人激动好几个小时。人们喜欢连平就因为他注意他们。

人往往会对那些对自己感兴趣的人产生兴趣，不厌其烦地听别人倾诉，这在别人看来是对自己极大的尊重，而且直达对方的心灵，从而使感情更深一步。所以，人们更愿意和那些尊重自己、能进入自己心灵的人打交道。而那些受欢迎的人无疑是高情商的人。相反，那些只知道谈论自己的人会让人觉得他们只在乎自己的感受而不在乎别人的感受，这种人一般都是低情商的人。所以，人们与之交往过一次之后，就不会有继续交往的欲望。

拥有私人银行桑德斯·卡普公司的银行家汤姆·桑德斯说："关键在于先了解对方，他的价值观以及他对投资的看法，同时也决定于你是否能诚实地说出我们的投资方式是正确并对其有利的。"要想成为积极有效的聆听者，首先，必须体会聆听的重要性；其次，必须有聆听的意愿；最后，你必须经常练习这种全新的聆听能力。

反之，如果你要知道如何使别人躲开你，在背后取笑你，甚至轻视你，这里也有一个方法：绝不要听人家讲上三句话，要不断地谈论你自己。如果你知道别人所说的是什么，就打断他，不等他说完。这样不仅不能进入对方的心灵，更让对方感到厌烦，甚至不想与你交往下去。

凡事不要太快下决定

卡耐基说："最重要的是聆听，在你开口告诉别人你有多棒之前，你一定要先聆听。然后你才能开始认识别人，与别人交谈，千万别高人一等。多跟别人交谈，用心倾听，不要太快下决定。"

简单地说，世界上任何人都喜欢有人听他说话，只有对于听他说话的人，他才会有反应。聆听也是尊重的一种最佳表示，表示我们看重他们。我们等于是在说："你的想法、行为与信念对我都很重要。"

倾听他人说话是对他人的尊重，同时更能抓住对方话中的有用信息。切莫随意打断他人的谈话，以免断章取义。

一天，美国知名主持人林克莱特采访一名小孩："你长大后想要当什么？"小孩天真地回答："嗯……我要当飞机的驾驶员！"林克莱特接着问：

“如果有一天，你的飞机飞到太平洋上空时所有引擎都熄火了，你会怎么办？”小孩想了想：“我会先告诉坐在飞机上的人绑好安全带，然后我挂上我的降落伞跳出去。”

当现场的观众笑得东倒西歪时，林克莱特继续注视着这孩子，想看他是不是自作聪明的家伙。没想到，孩子的两行热泪竟夺眶而出，这使林克莱特发觉孩子的悲悯之情远非笔墨所能形容。于是林克莱特问他：“为什么要这么做？”小孩的答案透露出他真挚的想法：“我要去拿燃料，我还要回来！”

如果我们没有仔细倾听，就可能抹杀孩子的天真，扭曲他善良的用意。懂得倾听的人，不仅会在生活中受益，在工作中也会有意想不到的收获。高情商者还会在倾听中加上动作，让倾听展现出更好的效果。

有人做过这样一个实验，来证明听者的态度对说者有着极大的影响。让学生表现出一副心不在焉的样子，结果上课的教授照本宣科，不看学生，无强调，无手势；让学生积极投入——倾听，并且开始使用一些身体语言，比如适当的身体动作和眼睛的接触，结果教授的声调开始出现变化，并加入了必要的手势，课堂气氛生动起来。

由此看出，当学生表现出一副心不在焉的样子时，教授因得不到必要的反应而变得满不在乎起来。当学生改变态度，用心去倾听时，其实是从一个侧面告诉教授：你的课讲得好，我们愿意听。这就是无声的赞美，并且起到了积极的效果。

从上面的例子也可以看出，倾听时加入必要的身体语言，是非常有必要的。行动胜于语言。身体的每一部分都可以显示出激情、赞美的信息，可增强、减弱或躲避、拒绝信息的传递。

精于倾听的人，是不会做一部没有生气的录音机的，他会以一种积极投入的状态，向说话者传递“你的话我很喜欢听”的信息。录音机是没有眼睛的，俗语说“眼睛是心灵的窗口”，适当的眼神交流可以增强倾听的效果。这种眼神是专注的，而不是游移不定的；是真诚的，而不是虚伪的。发自灵魂深处的眼神是动人心魄的。

录音机做不了“小动作”，而倾听者则必须做一些“小动作”。身体向对方稍微前倾，表示你对说者的尊敬；正向对方而坐，表明“我们是平等的”，这可使职位低者感到亲切，使职位高者感到轻松。自然坐立，手脚不要交叉，否则会让对方认为你傲慢无礼。倾听时和说话人保持一定的距离，恰当的距离给人以安全感，使说话者觉得自然。动作跟进要合适，太多或太少的动作都会让说者分心，让他认为你厌烦了。正确的动作应该跟说话者保持同步，这样，说话者一定会把你当做“知心爱人”。

倾听，不仅要倾听别人的声音，还要倾听平时少为人听或不为人听的声音，因为那里面也许藏有珍宝。学会倾听，发掘生活中的小秘密，这就是许多人走向成功的秘诀。

一个农场主在巡视谷仓时不慎将一只名贵的金表遗失在谷仓里，他找了好久也没有找到，便回家让自己的几个儿子都出来找。

儿子们听说父亲的金表丢了，于是立刻来到谷仓，他们一直忙到太阳下山，仍然没有找到金表，最后他们一个个都放弃了，陆续离开。

这时，只有农场主的小儿子在众人离开之后仍不死心，努力寻找。他已经整整一天没有吃饭了，希望在天黑之前能找到金表。因为父亲平时最宠爱的就是他，但总是把他看成小孩子，其实他已经14岁，是小大人了，他要证明自己。

天越来越黑，整个谷仓寂静无声，安静得有些让人害怕，可小儿子仍然坚持在谷仓内继续寻找。突然，他隐约听见谷仓内似乎有一个奇特的声音“滴滴”响个不停。小儿子顿时屏住呼吸，此时的谷仓更加安静，那声响清晰可闻。没错，那就是父亲丢失的金表走动的声音！小儿子循声找到了金表，最终得到父亲的赞扬和肯定。

生活的法则并不是那么烦琐，而之所以掌握它的人很少，是因为多数人认为这些法则太简单，没有动手去做。生活的小秘密犹如谷仓内的金表，早已存在于我们身边，散布于人生的每个角落，只要执着去寻找，并且仔细倾听和观察不为人听的声音，就能洞察其中的玄机，成为生活的主人。

倾听是对别人的尊重和关注，它在日常的人际交往中具有非常重要的作用。学会倾听的人，往往表现出大度与接纳，更容易受到倾诉者的欢迎。

那么，如何才能学会倾听呢？

倾听时要有良好的精神状态。良好的精神状态是倾听的重要前提，如果沟通的一方委靡不振，就不会取得良好的倾听效果，它只能使沟通质量大打折扣。良好的精神状态要求倾听者集中精力，随时提醒自己交谈到底要解决什么问题。

要及时用动作和表情给予呼应。作为一种信息反馈，沟通者可以使用各种对方能理解的动作与表情，表示自己的理解，传达自己的感情以及对于谈话的兴趣。

要适时适度地提出问题。沟通的目的是为了获得信息，是为了知道彼此在想什么，要做什么。因此，适时适度地提出问题是一种倾听的方法，它能够给讲话者以鼓励，有助于双方的相互沟通。

要有耐心，切忌随便打断别人的话。有些人话很多，或者语言表达有些零散甚至混乱，这时就要耐心地听完他的叙述。即使听到你不能接受的观点或者某些伤害感情的话，也要耐心听完，听完后才可以表达你的不同观点。

要保持必要的沉默。沉默是人际交往中的一种手段，它看似一种状态，实际蕴涵着丰富的信息。它就像乐谱上的休止符，运用得当，则含义无穷，可以达到“无声胜有声”的效果。但沉默一定要运用得体，不可不分场合，故作高深而滥用沉默。而且，沉默一定要与语言相辅相成，才能获得最佳效果。

总之，只有学会倾听，你才能拥有和谐的人际关系。倾听是一种动听的语言，倾听是我们对别人最好的一种恭维，很少有人拒绝接受专心倾听所包含的赞许。聪明的人是会倾听的人，善于倾听，会让他处处受欢迎。

第十一章　提升情商，提高影响力

赢得陌生人的好感

哈佛告诉学生：要想生活得和谐，每天保持幸福的心态，不但要善于与熟人联络感情，更要善于赢得陌生人的好感，这是一个人获得快乐的重要条件之一。确实是这么回事，因为现代社会，我们每个人几乎都需要跟陌生人打交道，而且我们的很多熟人都是以前的陌生人转化过来的，从这一点来看，拥有一些赢得陌生人好感的技巧十分必要。看看那些交际高手，我们可以得到如下的一些启示。

要注意形象和内在修养，努力给别人留下良好的第一印象。

英国形象设计师罗伯特·庞德说过："这是一个两分钟的世界，你只有一分钟展示给人们你是谁，另一分钟让他们喜欢你。"

良好的第一印象至关重要，英国伦敦大学学院的一位系主任在谈到一位讲师时说："从她一进门，我就感到她是我所渴望的人。她身上散发着某种气质，把她那庄重的外表衬托得越发迷人。因为只有一个有高度素养、可信、正直、勤奋的人才有这样的光芒。30分钟之后，我就让她第二天来系里报到。她没有让我失望，现在她已是最优秀的教授了。"这个激烈角逐的位置就这样由于一个迷人的第一印象落到了这位女博士的手中。

古代哲人穆格发说："良好的形象是美丽生活的代言人，是我们走向更高阶梯的扶手，是进入爱的神圣殿堂的敲门砖。"

当然，良好的第一印象不是刻意打造出来的，它在于平时的修炼。一个注意自身形象并自觉保持好形象的人，总能于第一时间内，在人群中得到信任，总能在逆境中得到帮助，也必定能在人生的旅途中不断找到发挥才干的机会，最终做到时刻用自己的魅力影响别人，活出真正精彩的人生。

要寻找对方感兴趣的话题。

俗话说"酒逢知己千杯少"，我们在和陌生人交往时，不妨多多寻求彼此在兴趣、性格、阅历等方面的共同之处，使双方在越谈越投机的过程中获得更多关于对方的信息，迅速拉近距离，增进感情。

美国耶鲁大学的威廉·费尔浦斯教授是个有名的散文家，他在散文《人类的天性》中写道：在我8岁的时候，有一次到莉比姑妈家度周末。傍晚时分，有个中年人慕名来访，但姑妈好像对他很冷淡。他跟姑妈寒暄过一阵之后，便把注意力转向我。那时，我正在玩模型船，而且玩得很专注。他看出我对船只很感兴趣，便滔滔不绝讲了许多有关船只的事，而且讲得十分生动有趣。

等他离开之后，我仍意犹未尽，一直向姑妈提起他。姑妈告诉我，他是一位律师，根本不可能对船只感兴趣。“但是，他为什么一直跟我谈船只的事呢？”我问道。“因为他是个有风度的绅士，他看你对船只感兴趣，为了让你高兴并赢取你的好感，他当然要这么说了。”

谈论别人感兴趣的话题，对双方都有好处。不仅可以使人对你产生兴趣，钦佩你，而且可以使自己更关心别人，关心他人对自己的要求。

要学会多听少说。

一个真正受欢迎的人，常常把表达的机会让给别人，把自己看作是别人倾诉的对象。上帝让人类只长一张嘴，却长两只耳朵，就是为了让我们每一个人少说多倾听。

从心理学的角度讲，善于倾听会使对方心情愉快，会换来对方的理解、信任和快乐，会使对方吐露出内心的苦恼或喜悦，最重要的是它还使说话者感觉到自身价值的存在，从而满足其渴望被重视的心理，双方的交往也因此变得愉快。

可见，在与人交往时，学会倾听是多么的重要，在与陌生人打交道的时候，要想赢得他们的好感，倾听也是很必要的。

要给对方接受你的时间。

交往是个彼此慢慢接受的过程，要给对方缓冲的时间来决定是否接受你，千万不要操之过急，以免造成尴尬的局面。

有一次，布朗先生参加一个社交聚会，交换了一大堆名片，握了无数次手，后来他发现一个女孩长得十分漂亮，心里十分想与她交往，就十分冒昧地上前去要那个女孩家里的电话，那个女孩看见布朗先生长得文质彬彬，看他找自己说话，本来还挺开心的样子，但是听他说明来意，一下子就变得十分不高兴地走开了，使得布朗特别尴尬。

这个女孩是布朗朋友的朋友，事后，她对布朗的朋友说十分不喜欢布朗的做法，感觉有种被侵犯的感觉。

在现代社会中，这种情形常常出现。对布朗先生而言，他对那个女孩的印象颇佳，有心和她交朋友，所以主动出击，但他采取的方式犯了与陌生人交往的忌讳——操之过急，反而使对方失去进一步了解他的兴趣。

在与陌生人交往时，如果他要你评价你的朋友，要真诚地说他们的优点。这无疑会给你加分，使陌生人觉得你是一个真诚而值得信任的人。

一位老人，每天都要坐在路边的椅子上，向开车经过镇上的人打招呼。有一天，他的孙女在他身旁，陪他聊天。这时有一位游客模样的陌生人在路边四处打听，看样子想找个地方住下来。

陌生人从老人身边走过，问道："请问大爷，住在这座城镇还不错吧？"老人慢慢转过来回答："你原来住的城镇怎么样？"

游客说："在我原来住的地方，人人都喜欢批评别人。邻居之间常说闲话，总之那地方很不好住。我真高兴能够离开，那不是个令人愉快的地方。"摇椅上的老人对陌生人说："那我得告诉你，其实这里也差不多。"

过了一会儿，一辆载着一家人的大车在老人旁边的加油站停下来加油。车子慢慢开进加油站，停在老先生和他孙女坐的地方。

这时，父亲从车上走下来，向老人说道："住在这城镇不错吧？"老人没有回答，又问道："你原来住的地方怎样？"父亲看着老人说："我原来住的城镇每个人都很亲切，人人都愿帮助邻居。无论去哪里，总会有人跟你打招呼，说谢谢，我真舍不得离开。"老人看着这位父亲，脸上露出和蔼的微笑："其实这里也差不多。"车子开动了。那位父亲向老人说了声谢谢，驱车离开。

等到那家人走远，孙女抬头问老人："爷爷，为什么你告诉第一个人这里很可怕，却告诉第二个人这里很好呢？"老人慈祥地看着孙女说："只有真诚地发现熟人优点的人，才能真诚地发现陌生人的优点，也才能赢得我这个陌生人的好感啊，哈哈！"

当然，不管用什么方法来赢得陌生人的好感都是次要的问题，最主要的是，在与陌生人交往时，要有真诚的态度，毕竟赢得陌生人的好感只是交往的第一步。

发自内心地赞美别人的长处

哈佛告诉学生：赞美是人际交往中最好的润滑剂。赞美是对别人长处的承认和赞扬，它不同于奉承，不是虚伪，赞美往往是既激励别人又有益于自己的事情。从心理学的角度来讲，渴望赞美和欣赏也是大多数人的心理要求，只有被肯定，人才会觉得自己生存得有价值。

幽默作家马克·吐温说："一句赞美可以支撑我活两个月。"美国总统罗斯福有一种本领，对任何人都能给予恰当的赞誉。

林肯也是善于使用赞誉的高手。韦伯这样评价林肯："拣出一件使人足以自矜并引起兴趣的事情，再说一些真诚又能满足他自矜和兴趣的话，这是林肯日常必有的作为。"

林肯曾说："一滴蜜比一加仑胆汁能捕到更多的苍蝇。"

人类最渴望的就是精神上的满足——被了解、被肯定和赏识。对我们来说，赞美就如同温暖的阳光，缺少阳光，花朵就无法开放。

赞扬别人是给予的过程。许多人总是记得，在沮丧、绝望、萎靡不振时，别人的赞赏曾经给予他们多么大的快乐、多么大的帮助。不管是多么冷漠的人，对于赞扬和认可也很少设防，往往一句简单又看似无心的赞扬，一个认可的表情就是良好关系的开端，人与人的距离由此拉近。

正如前面所说，许多成功的人士都有赞美别人的良好习惯，他们不像普通人那样，总是纠结于别人不好的地方，而是把目光放在别人的长处上，并对之大加赞美，这种赞美有时候竟然会改变对方的一生。

大音乐家勃拉姆斯出生于汉堡。他家境贫寒，少年时便为生活所迫混迹于酒吧。他酷爱音乐，却由于是一个农民的儿子，无法得到教育的机会，所以，对自己的未来他毫无信心。然而，在他第一次敲开舒曼家大门的时候，根本没有想到，他一生的命运就在这一刻决定了。

当他取出他最早创作的一首C大调钢琴奏鸣曲草稿，弹完后站起来时，舒曼热情地张开双臂抱住了他，兴奋地喊道："天才啊！年轻人，天才！……"这发自内心的由衷赞美，使勃拉姆斯的自卑消失得无影无踪。从此，他便如同换了一个人，不断地把他心底的才智和激情宣泄到五线谱上，成为音乐史上一位卓越的艺术家。

在与别人交往的过程中，我们都要学会主动去赞美人，赞美是免费的。尽管是免费的，但是它却是最好的东西，价值无限，因为不管是赞美者还是被赞美者都可以从它身上得到很多。

赞美不仅会提升被赞美者的自信心，增加他们生活的勇气，还可以使赞美者受益。在人际交往中，约翰·洛克菲勒就善于真诚地赞美他人，以此来维系良好的人际关系，使对方为自己更努力地工作。

一次，洛克菲勒的一个合伙人爱德华·贝德福特在南美的一次生意中，使公司损失了100万美元。然后，贝德福特沮气地回来见洛克菲勒，洛克菲勒本可以指责他的过失，但是他并没有这样做，他知道贝德福特已经尽力了，更何况事情已经发生，并不能因此而把他的功劳全部抹杀，于是洛克菲勒另外寻找一些话题来称赞贝德福特，他把贝德福特叫到自己的办公室，对他说："这太好了，你不仅节省了60%的投资金融，而且也为我们敲了一个警钟。我们一直都在努力，并且取得了几乎所有的成功，还没有尝到失败的滋味。这样也好，我们可以更好地发现自己的错误和缺点，争取更大的胜利。更何况，我们也并不能总是处在事业的巅峰时期。”

洛克菲勒的几句话，把贝德福特夸得心里暖乎乎的，并下决心下次一定要好好注意，不再犯类似的错误。

无独有偶，某公司的一个清洁工，本来是一个最被人忽略的角色，他却在一天晚上，与偷窃公司钱财的窃贼进行了殊死搏斗。在颁奖大会上，主持人问他的动机时，他的回答让人们大吃一惊。他说：“公司的总经理经过我身边时，总会赞美一句‘你打扫得真干净’。”

可见，学会真诚地赞美别人是多么重要。学会赞美别人不但符合时代的要求，还是衡量现代人素质和交际水平的一个重要标准。但是赞美不是奉承，也不是毫无来由的乱夸，而是要讲求一定的技巧：

借别人之口转达赞美。

赞美要真诚、公正。

赞美要得体。

赞美要及时而不失时机。

寻找对方最希望被赞美的内容。

赞美要从细节着手，忌俗套、空洞。

如果我们每个人都会发自内心地赞美别人的长处，反省自己的不足，无疑会使我们自己在人格上变得更完善，也更易得到别人的认可和欢迎。学会真诚地赞美别人还是修养性情的需要，它有助于我们达到更高的人生境界。

有亲和力的人让人不由自主地想接近

哈佛告诉我们，一个人的亲和力在人际交往中十分重要，要想使别人认可你，并一直愿意与你交往下去，亲和力往往在其中起着非常重要的作用。

在日常生活中，我们经常会听到有人这样评价一个非常受欢迎的人：

“他看起来很亲切。”“她让人不由自主地想接近。”“跟他在一起十分惬意，我很愿意与他交往。”……这些其实都说明了一点，那就是亲和力在人际交往中的重要性。那些成功的人士，往往都是具有很强亲和力的人。

那是1960年10月的一天，在报社办公室里那张工作人员任务单上，科宁斯简直不敢相信自己的眼睛，反复把那一行字看了几遍：科宁斯——采访埃莉诺·罗斯福。

这不是非分之想吧？科宁斯成为《西部报》报社成员才几个月，还是一个新手呢，怎么会给他如此重要的任务？科宁斯拔腿跑去找责任编辑。

责任编辑停住手中的活，冲科宁斯一笑：“没错，我们很欣赏你采访那位哈伍德教授的表现，所以派给你这个重要任务。后天只管把采访报道送到我办公室里来就是了，祝你好运，小伙子！”

“祝你好运”，说得轻巧，科宁斯觉得自己即将面对的是前总统夫人，她不但曾和富兰克林·罗斯福共度春秋，而且有过不凡之举，而科宁斯觉得自己只是个毫无名气的毛头小伙子。

科宁斯急匆匆地奔进图书馆，寻找所需要的资料。科宁斯认真地将要提的问题依次排序，力图使其中至少有一个不同于她以前回答过的问题。最后，科宁斯终于成竹在胸，对即将开始的采访甚至有点迫不及待了。

采访是在一间布置得格外别致典雅的房间中进行的。当科宁斯进去时，这位75岁的老太太已经坐在那里等他了。一看见科宁斯，她马上起身与他握手。她那敏锐的目光、慈祥的笑容给人以不可磨灭的印象。科宁斯在她旁边落座以后，便率先抛出一个自认为别具一格的问题。

“请问夫人，在您会晤过的人中，您发觉哪一位最有趣？”

这个问题提得好极了，而且科宁斯早就预估了一下答案：无论她回答的是她的丈夫罗斯福，还是丘吉尔、海伦·凯勒等，科宁斯都能就她选择的人物接二连三地提出问题。

罗斯福夫人莞尔一笑：“戴维·科宁斯。”

科宁斯不敢相信自己的耳朵：选中我，开什么玩笑？

“夫人，”他终于挤出一句话来，“我不明白您的意思。”

“和一个陌生人会晤并开始交往，这是生活中最令人感兴趣的一部分。”她非常感慨地说，“你这么辛苦地采访我，真是非常感谢你……”

科宁斯对罗斯福夫人一个小时的采访转眼结束了。她在一开始就使他感到轻松自如，整个过程中，他无拘无束、十分满意。

这篇采访报道见报后获得全美学生新闻报道奖。然而科宁斯最重要的收获是：罗斯福夫人教给他的人生哲学——有时候亲和力比威严更让人怀念。多年来，科宁斯一直都要求自己也要做个像罗斯福夫人那样具有亲和力的人。

不但成功人士的亲和力让人觉得十分可贵，即使一个普通人的亲和力也往往会让人无限地怀念，从而成为个人的招牌。

有一天，美国著名职业演说家桑布恩迁至新居不久，就有一位邮差来敲他的房门。

“上午好！桑布恩先生！我叫保罗，是这里的邮差。我顺道来看看，并向您表示欢迎，同时也希望对您有所了解。”他说起话来有一股兴高采烈的味道，他的真诚和热情始终溢于言表，并且他的这种真诚和热情让桑布恩先生既惊讶又温暖，因为桑布恩从来没有遇到过如此认真的邮差。他告诉保罗，自己是一位职业演说家。

“既然是职业演说家，那您一定经常出差旅行了？”保罗点点头继续说，“既然如此，那您出差不在家的时候，我可以把您的信件和报纸刊物代为保管，打包放好。等您在家的时候，我再送过来。”

这简直太让人难以置信了，不过桑布恩说：“那样太麻烦了，把信放进邮箱里就行了，我回来时取也一样的。”

保罗解释说：“桑布恩先生，窃贼会经常窥视住户的邮箱，如果发现是满的，就表明主人不在家，那您可能就要深受其害了。”桑布恩先生心里想，保罗比我还关心我的邮箱呢，不过，毕竟这方面他才是专家。

保罗继续说：“我看不如这样，只要邮箱的盖子还能盖上，我就把信件和报刊放到里面，别人就不会看出您不在家。塞不进邮箱的邮件，我就搁在您房门和屏栅门之间，从外面看不见。如果那里也放满了，我就把其他的留着，等您回来。”保罗的这种认真负责的态度实在让桑布恩先生感动，但是他说话时带着的那种温暖的笑容更是深深地打动了桑布恩。以前，桑布恩甚至从来没有注意过邮差是什么样子的，他只对自己能否按时拿到邮件感兴趣。

桑布恩在这个社区长久地住了下来，后来他才发现，感觉到保罗身上具有一种神奇魔力的并不只他一个人，社区的很多邻居都非常喜欢保罗，并亲切地称呼他为“我们的保罗”。

可见，亲和力是一种魔力，它使伟大人物变得如我们身边的人一样可以亲近，使普通的人身上充满着魅力的光环。在人际交往中，亲和力就像一张看不见的网，使很多人心甘情愿地被其俘虏。

关系就是财富，人脉就是资源

国外有一句名言：“20岁靠体力赚钱，30岁靠脑力赚钱，40岁以后则靠交情赚钱。”这里的“交情”其实就是人际关系，即人脉。人脉就是资源，关系就是财富。成功离不开人脉，人脉资源的多少决定了成功的程度。

斯坦福研究中心曾发表过一份报告：“一个人赚的钱，12.5%来自知识，87.5%来自关系。”

美国石油大亨洛克菲勒在总结自己的成功经验时表示：“与太阳下所有能力相比，我更关注与人交往的能力。”正是这种卓越的人脉交往能力成就了他辉煌的事业。其实，在生活中，很多成功人士都深刻地意识到了人脉资源对自己事业成功的重要性。

比尔·盖茨的名字几乎无人不知，就连三岁小孩都会说长大后要做第二个比尔·盖茨。可见，比尔·盖茨在世人心目中的地位与形象已经根深蒂固，他成了财富与智慧的象征，而且这也是他当之无愧的。

他亲手创建的美国微软公司至今仍笑傲群雄。关于他的故事实在太多，关于他的评论更是众说纷纭：信息时代的天才、软件帝王、企业家、神、魔、恶毒小人……

但不管怎样，只要提起微软，谁都不会忘记比尔·盖茨，因为他是微软的创始人、微软的精神象征。

比尔·盖茨为什么能取得如此辉煌的成就呢？除了他的智慧、眼光、执着外，另一个重要的原因是他善于拓展人脉资源，不但他是那样，很多成功的人士，都是善于利用、拓展人脉资源的人。

哈维·麦凯大学毕业就开始找工作，当时的大学毕业生很少，他自以为可以找到很好的工作，结果却徒劳无功。好在哈维·麦凯的父亲是位记者，认识一些政商界的重要人物，其中有一位叫查理·沃德。查理·沃德是布朗比格罗公司的董事长，他的公司是全世界最大的月历卡片制造公司。四年前，沃德因税务问题而入狱。哈维·麦凯的父亲觉得沃德的逃税案有些失实，于是赴监狱来看望沃德，写了一些公正的报道。沃德非常感激那些文章，他感动得落泪说："在许多不实的报道之后，哈维·麦凯终于写出公正的报道。"

出狱后，他问哈维·麦凯的父亲是否有儿子。

"有一个在上大学。"哈维·麦凯的父亲说。

"何时毕业？"沃德问。

"他刚毕业，正在找工作。"

"噢，那正好，如果他愿意，叫他来找我。"沃德说。

第二天，哈维·麦凯打电话到沃德的办公室，开始，秘书不让见。后来他三次提到他父亲的名字，才得到跟沃德通话的机会。

沃德说："你明天上午10点钟直接到我办公室面谈吧！"第二天，哈维·麦凯如约而至。不想应聘变成了聊天，沃德兴致勃勃地谈到哈维·麦凯父亲的那一段狱中采访，整个谈话过程非常轻松愉快。

聊了一会儿之后，他说："我想派你到我们的'金矿'工作，就在对街——品园信封公司。"

为找工作奔波了一个月的哈维·麦凯，现在站在铺着地毯、装饰得富丽堂皇的办公室内，不但顷刻间有了一份工作，而且还是到"金矿"工作。所谓"金矿"，是指薪水和福利最好的单位。

那不仅是一份工作，更是一份事业。42年后，哈维·麦凯仍在这一行继续勤奋开采着"金矿"，他已成为全美著名的信封公司——麦凯信封公司的老板。

哈维·麦凯在品园信封公司工作期间，熟悉了经营信封业的流程，懂得了操作模式，学会了推销的技巧，积累了大量的人脉资源。这些人脉成了哈维·麦凯成就事业的关键。

事后，哈维·麦凯说："感谢沃德，是他给我的工作，是他创造了我的事业。"试想，如果没有沃德的帮助，麦凯可能就没有如此辉煌的成就了，所以，好的人脉可以让你的生活更精彩。

当然，哈维·麦凯的第一个机会是利用他父亲的人脉得到的，但是他的巨大成功更多的是因为他自己对人脉资源的拓展，即使有现成的人脉利用，如果自己不再注意积累和拓展更多人脉的话，早晚也逃脱不了失败的命运。从这个意义上来说，要想取得人生的主动权，必须主动出击，拓展人脉。

有一个美国女人叫凯丽，她出生于贫穷的波兰难民家庭，在贫民区长大。她只上过6年学，也就是只有小学文化程度。她从小就干杂工，命运十分坎坷。但是，她13岁时看了《全美名人传记大成》后突发奇想，要直接和许多名人交往。

她的主要办法就是写信，每写一封信都要提出一两个让收信人感兴趣的具体问题，许多名人纷纷给她回信。

再一个做法是，凡是有名人到她所在的城市来参加活动，她总要想办法与她所仰慕的名人见上一面，只说两三句话，不给人家更多的打扰。就这样，她认识了社会各界的许多名人。

成年后，她经营自己的生意，因为认识很多名流，他们的光顾让她的店人气很旺。于是，她也成了名人和富翁。

由此可见，每一个伟大的成功者背后都有另外的成功者在支撑着。没有人是靠自己一个人达到事业顶峰的。所以，如果你想成为出类拔萃的人，就一定不能忽略人脉的拓展。

曾任美国某大铁路公司总裁的史密斯说："铁路的95%是人，5%是铁。"美国成功学大师卡耐基经过长期研究得出结论："专业知识在一个人成功中的作用只占15%，而其余的85%取决于人际关系。"所以说，无论你从事什么职业，懂得人脉的重要性并善于利用和拓展它，你就在成功路上走了85%的路程。

坚持互惠可以得到更多的资源

人生就像是战场，人与人之间有时候难免要处于互相对立的位置，但是人生毕竟不是战场。生活也不用像战争那样，非得争个鱼死网破，两败俱伤。从更根本的利益来看，互惠是人类社会永恒的法则，它是各种交易和交往得以存在的基础。坚持互惠的原则往往可以让我们在社会的交往当中利用到更多的资源，获得更多的帮助。

互惠的原则绝不只是理论，它一直在我们的生活当中不知不觉地发挥着作用，这可以通过下面的事例得到验证。

一位心理学教授为了证明互惠原理的巨大作用，就做了一个小小的实验。他在一群素不相识的人中随机抽样，给挑选出来的人寄去了圣诞卡片。虽然他也估计会有一些回音，但却没有想到大部分收到卡片的人都给他回了一张。而其实他们都不认识他啊！

给他回赠卡片的人，也许根本就没有想到过打听一下这个陌生的教授到底是谁。他们收到卡片,自动就回赠了一张。也许他们想,可能自己忘了这个教授是谁了,或者这个教授有什么原因才给自己寄卡片。不管怎样,自己不能欠人家的情,给人家回寄一张,总是没有错的。

这个实验虽小,却证明了在社会生活和人际交往中,互惠定律无时无刻不在发挥着作用。事实上,我们常常都会有类似的体会,如果一个人帮了我们一次忙,我们会时刻记着找机会帮他一次;如果一个人送了我们一件生日礼物,我们也会努力记住他的生日,届时也给他买一件礼品;如果一对夫妇邀请我们参加了一个聚会,我们通常也会记得邀请他们到我们的聚会上来……

互惠原则存在于我们生活的各个角落,在不知不觉中影响着我们的决定和行为。从另外一个角度来看,互惠即意味着要想得到,必须先给予,只有这样,才能最终得到自己想要得到的东西,有一个例子很好地体现了这一点。

在美国一个农村,住着一个老头,他有3个儿子。大儿子、二儿子都在城里工作,小儿子和他在一起,父子相依为命。

突然有一天,一个人找到老头,对他说:“尊敬的老人,我想把你的小儿子带到城里去工作。”老头气愤地说:“不行,绝对不行,你滚出去吧!”这个人说:“如果我给你儿子找的对象,也就是你未来的儿媳妇是洛克菲勒的女儿呢?”老头想了想,终于,让儿子当上洛克菲勒女婿这件事打动了他。

过了几天,这个人找到洛克菲勒,对他说:“尊敬的洛克菲勒先生,我想给你的女儿找个对象。”洛克菲勒说:“快滚出去吧!”这个人又说:“如果我给你女儿找的对象,也就是你未来的女婿是世界银行的副总裁,可以吗?”洛克菲勒同意了。

又过了几天,这个人找到了世界银行总裁,对他说:“尊敬的总裁先生,你应该马上任命一个副总裁!”总裁先生说:“不可能,这里这么多副总裁,我为什么还要任命一个副总裁呢,而且还必须是马上?”这个人说:“如果你任命的这个副总裁是洛克菲勒的女婿，可以吗？”

结果自然可知，总裁先生同意了。

毫无疑问，这个中间人有着极高的情商，把互惠原则发挥得淋漓尽致，所有的人在这里都得到了自己想要的东西。

如上例所示，互惠的最终结果是双方达到共赢，在哈佛，这种情商的教育和历练是非常多的，一位德高望重的教授常对他的学生说：“要想得到我们想要的东西，我们必须给予别人想要的东西，只有这样，我们才能互惠共生，达到双赢。”

他常常在课堂上给学生们讲到这样一个故事。

从前，有两个饥饿的人得到了一位长者的恩赐：一根鱼竿和一篓鲜活硕大的鱼。一个人要了一篓鱼，另一个要了一根鱼竿，于是，他们分道扬镳了。得到鱼的人原地就用干柴搭起篝火煮起了鱼，他狼吞虎咽，还来不及品出鲜鱼的肉香，转瞬间，连鱼带汤就被他吃了个精光，不久，他便饿死在空空的鱼篓旁。另一个人则提着鱼竿继续忍饥挨饿，一步步艰难地向海边走去，可当他已经看到不远处那片蔚蓝色的海洋时，他浑身一点力气也没有了，他也只能眼巴巴地带着无尽的遗憾撒手人寰。

又有两个饥饿的人，他们同样得到了长者恩赐的一根鱼竿和一篓鱼。只是他们并没有各奔东西，而是约定共同去找寻大海，他俩每次只煮一条鱼，他们经过长途跋涉，来到了海边。

从此，两个人开始了捕鱼为生的日子，几年后，他们盖起了房子，有了各自的家庭、子女，有了自己建造的渔船，过上了幸福安康的生活。

从上面的例子我们可以看出来，要想双赢，必须坚持互惠的原则，互惠原则不仅会使我们得到意想不到的好处，在关键的时刻甚至还可以救人一命。

从很多高情商的成功人士身上，我们都可以看到，他们懂得互惠是一种聪明的生存之道，因此，在与别人的交往过程当中，他们往往很少只想着自己，而是经常会为别人付出，因为他们明白，给予别人好处，从某种程度上就是帮助了自己。这也往往是他们能够最终成功的一个重要原因。因为，在这个崇尚合作的世界里，没有一个人能担当全部，一个人价值的体现往往就维系在与别人互惠的基础之上。

成为一个让别人喜欢的人

我们每个人都生活在社会中，扮演着社会人的角色，人与人之间的交往要想进行得顺利，从表面上看，需要具备各种合适的场合和条件，而从深层原因来看，是需要交往的双方能够找到共同点，拉近彼此的距离，扫除交往障碍，接下来的事情就会变得容易很多。简而言之，就是如果你想让自己成为一个可以影响别人的人，首先要成为一个让别人喜欢的人，而这一点往往会带来意想不到的效果。

有一位老谋深算的公司经理计划利用现任职位上的客户资源开办一家新公司赚笔大钱。于是他找了两名以前的手下，共商创业的事。后来他发现若只有他们3个人，人数太少，将很难成功。于是他要他的手下另外再找7个人，以便组成10个人的创业团队。

他的手下顺利地找到了他们所需要的人手。这位经理却发现，他与这7个新伙伴根本就不认识，他们是否值得信任实在是一个大问题。

于是他想到了每晚分别与一个新伙伴共进晚餐的好办法。席间他除了交代各人所负责的任务之外，还郑重地向他们表示“我也跟你们一样需要钱”。

结果，由于彼此有了共同的目标，这个计划最后终于成功了。

上例中，由于彼此有着共同的目标，因而迅速拉近了彼此之间的距离，最终实现了计划。其实很多事情都是如此，如果你与对方有共同的目标，则很容易就能增加彼此之间的亲密感。除了共同目标能够增强亲密感之外，还有其他一些增强亲密感的技巧。美国前总统林顿·贝恩斯·约翰逊就有一套严格的交际准则，这些准则对他的成功发挥了重大作用。

这十项准则是：

记住人的名字。如果你没做到这一点，就意味着你对人不友好。

平易近人，让别人跟你在一起觉得很愉快。

要有大将风度，不为小事而烦恼。

不要自高自大，做一个谦虚的人。

培养广泛的兴趣和爱好，充实自己，使别人在与你的交往中得到一些有价值的东西。

检查自己，去除所有不良习惯和令人讨厌的东西。

不结冤仇，消除过去的或现在的与他人的恩怨和隔阂。

爱所有的人，真诚地去爱他们。

当别人取得成绩的时候，去赞赏他们；当他人遇到挫折或不幸的时候，去同情他们，安慰他们，给他们以帮助。

精神上给人以鼓励，你也会得到他们的支持。

其实不但林顿·贝恩斯·约翰逊有着自己的交往准则，很多高智商的成功人士在人际交往过程中都有类似的技巧，通过对他们交往技巧的总结，我们知道，要想尽快成为别人喜欢的人，增加亲密感，增加成功的几率，我们可以试着练习以下一些交往技巧。

与人初次相见，坐在他的旁边较易进入状态。

相信每个人都有过这样的经验，那就是与人面对面谈话时，往往会特别紧张。因为人与人一旦面对面，眼睛的视线难免会碰在一起，容易造成彼此间的紧张感。

相反的，与人肩并肩谈话，在精神上绝对比面对面谈话要来得轻松。因此与人初次相见，坐在他的旁边往往较容易进入状态。这一点同样适用于与异性约会的时候。

尽量制造与对方身体接触的机会，可以缩短彼此间心理的距离。

事实上，每个人都拥有一个无形的“自我保护圈”。通常除非是非常亲密的人,否则不容易侵入这个范围。但反过来说,若对方已经侵入了这个圈内,则往往就会产生对方是自己亲密者的错觉。

人与人之间有了直接的接触,彼此间的距离会一下子缩短许多。因此,若想在短时间内缩短与刚认识者间的距离,最简单的方法就是尽可能地制造与对方身体接触的机会。

若与对方有共同点,就算再细微的也要强调。

“你家住哪……喔,那个地方我以前常去,附近是不是有一家卖香烟的杂货店?”像这样,为了缩短与对方之间的距离,只要是可以拉近彼此距离的话题,就算再细微的也要强调。

人与人之间一旦有了共同点,就可以很快地消除彼此间的陌生感,产生亲近的感觉。这样不但可以使对方感到轻松,同时也具有使对方说出真心话的作用。

事实上,我们每个人都具有这样相同的心理。例如两个陌生人一旦发现彼此竟然曾就读于同一所小学,顷刻间就会产生“自己人”的感觉,立刻会打成一片。找一些共同点强调一下,往往会收到意想不到的效果。

常用“我们”这两个字可以拉近彼此间的距离。

有位心理专家曾经做过一项有趣的实验。他让同一个人分别扮演专制型、放任型与民主型等三种不同角色的领导者,而后调查其他人对这三类领导者的观感。结果发现,采用民主方式的领导者,他们的团结意识最为强烈。而研究结果又指出,这些人当中使用“我们”这个名词的次数也最多。

事实上,我们在听演讲时,对方说“我认为……”带给我们的感受,将远不如他采用“我们……”的说法,因为采用“我们”这种说法,可以让人产生团结意识。

每次见面都找一个对方的优点赞美,是拉近彼此间距离的好方法。

有一家商店生意非常兴隆,原因就在于他们店里的每一位店员,都不断地与购物的人聊天。他们除了会向客人打招呼之外,还不断地找客人的优点来夸赞。例如,他们会向一位太太表示“您这件衣服很漂亮”,然后向另一位太太表示“您的发型很好看”。他们虽然不断地赞美别人，却是按每一位客人不同的个性，选择适当的赞美词。

因此很自然的，这些客人在潜意识中，就会产生到这家商店购物就可以受到赞美的心理，因而越来越喜欢到这家商店购物。

如果我们每次见面都被人夸赞，自然而然地会想再见到这位赞美我们的人，这是任何人都会有的心理。因此每次见面都找出对方的一个优点来赞美，可以很快地拉近彼此间的距离。

闲聊自己曾经失败的事比谈自己成功的事，更易拉近彼此间的距离。

人们在一起的时候，常会聊一些话题来拉近彼此间的距离。此时若谈自己曾经失败过的事，会比谈自己成功的事，更容易拉近彼此间的距离。因为老是炫耀自己成功的光荣事情，容易让人产生反感，而留下不好的印象。

将与自己关系密切的人名，写在电话记事簿的首页，会让他欣喜万分。

当你到一位交往很久的同事家做客，你们尽兴地谈完准备回家的时候，他对你说：“这些文件待会儿再送到您家。”说完他顺手打开电话记事簿，准备确认你的电话号码与住址。突然间你发现，你的名字竟然被写在第一位，老实说，你当时一定会非常高兴。

每个人对“自己”都非常敏感，因此一旦发现自己受到与众不同的待遇时，不是感到非常兴奋就是感到非常愤怒。

如果将与自己关系密切的人名写在备忘录的首页，往往可以让对方感到高兴，而收到意想不到的效果。

如果我们能够像高智商的人那样，掌握一些基本的交往技巧，我们也会成为让别人喜欢的人，这无疑会增加我们成功的几率。

用心做事才能使别人受感染

哈佛告诉学生，要影响别人，就要从用心开始，因为只有你自己用心做某件事情，才能使别人受到感染，从而才能真正地影响到别人。那些用心做事的人，他们不但能使自己变得更完善，还能使世界因自己而得到改变。

有一个6岁的加拿大男孩，曾经用一颗单纯的心改变了世界。

他曾被评选为“北美洲十大少年英雄”，甚至被人称为“加拿大的灵魂”，他就是曾经接受过加拿大国家荣誉勋章的瑞恩·希里杰克。

1998年，6岁的瑞恩第一次听说在非洲有很多孩子因为喝不上干净的水而死去，于是，为非洲的孩子捐献一口井成了他的梦想。

那天回到家里，他向妈妈要70加元时，妈妈告诉他：“你可以通过自己的劳动凑齐这一笔钱，比如打扫房间、清理垃圾，我会给你报酬。”瑞恩迟疑了一下，最终答应了。于是，他开始通过自己的劳动挣钱。

瑞恩得到的第一个任务是吸地毯，干了两个多小时后他得到了两块钱的报酬。几天之后，当全家人去看电影时，瑞恩一个人留在家里擦了两个小时的窗子，赚到第二个两块钱。全家人都以为瑞恩不过是心血来潮，他却坚持了下来。

四个月后，当瑞恩把辛苦积攒的钱交给有关组织时却得知，70元只够买一个水泵，挖一口井实际需要2000加元，他并没有放弃，反而更加卖力了，因为他只有一个想法，就是要尽自己的能力让更多非洲的小朋友喝到水。

渐渐地，大家都知道了瑞恩的这个梦想。于是爷爷雇他去捡松果；暴风雪过后，邻居们请他去帮忙捡落下的树枝；瑞恩考试得了好成绩，爸爸给了他奖励；瑞恩从那时起不再买玩具……所有这些钱，都被瑞恩放进了那个存钱的旧饼干盒里。

后来，他的故事被媒体报道了，他的名字传遍了整个国家。一个月后，在他家的邮筒里出现了一封陌生人的来信，里面有一张30万元的支票，还有一张便条：“但愿我可以为你和非洲的孩子们做得更多。”如果你以为这是故事的结尾，那就错了，因为这只是事情的开始。接下来，在不到两个月的时间里，又有上千万元的汇款支持瑞恩的梦想。

2001年3月，“瑞恩的井”基金会正式成立，瑞恩的梦想成为千万人参加的一项事业。

事后有人问瑞恩：“你为什么要这样做呢？”

瑞恩说：“没有为什么，我只是想让他们喝到干净的水。”

“没有为什么”，一切就是如此简单，他只是听从了自己内心的召唤，并随着善良灵魂的高歌起舞而已。那一支心灵的舞蹈，却令整个世界为之倾倒。

心灵纯净的人，往往是精神潜能真正觉醒的人。他们那些美好的梦想和执着的信念具有强大的感召力，所以能四两拨千斤般创造奇迹。一个人只要用心去做某事，那么他必然具有强大的人格魅力，这种魅力会不由自主地影响到别人。

“今天，我一定要断然拒绝他们的要求。”出门之前，卡尔森太太在心里对自己这么说。

天下着很大的雨，到处都是水。卡尔森太太之所以冒雨出门，是为了把眼前这件事尽快处理完。

卡尔森太太平时以乐善好施出名，她经常捐东西给遭到天灾人祸的人，或买很多衣料送给本市的贫民。可是，这一次的事，性质大不相同，使她无法像平时那样爽快答应。虽然目的是为了贫苦无依的孤儿们着想，但要她捐出祖传的土地来建造孤儿院，她实在无法同意。她对世世代代传下来的那片土地有无限的感情，何况，她年纪已老，此后生活的主要收入来源就靠那块土地。这是跟她此后的生活有直接关系的事，说得严重一点，若失去这一块土地，她的生活马上就要受到影响。

“不管对方如何恳求，也不能有一丁点同情心，否则……”想着，想着，卡尔森太太的脚步就越来越快了。

雨越下越大，风也吹得更起劲了。没多久，她到了目的地。她推开大门，走进去。由于是个大雨天，走廊上到处都湿湿的，她在门口寻找拖鞋穿。

“请进！”这时候，随着一声甜美的声音，女办事员玛丽笑容可掬地站在了卡尔森太太面前。玛丽看到地板上没有拖鞋了，立刻毫不犹豫地脱下了自己的拖鞋给卡尔森太太穿。

“真抱歉,所有的拖鞋都给别人穿了。”玛丽小姐诚恳地说道。

卡尔森太太看到玛丽小姐的袜子踏在地板上,一刹那间就全给弄湿了。

卡尔森太太被玛丽小姐的举动感动了。在这一瞬间,卡尔森太太明白了施与的真正含义。

她想:“平时我被大家称为慈善家,可是,我做的慈善行为到底是些什么?我捐出来的,全是自己不再使用的旧东西,再不就是捐出多余的零用钱罢了。而真正的施与,应该像这位小姐一样,拿出对自己来说是最重要的东西,那才有莫大的价值呀!”

突然,卡尔森太太的决定发生了180度的大转变——她决定捐出那块祖传的土地给这家慈善机构,为可怜的孩子们建立设备完善的孤儿院。

卡尔森太太对办事员玛丽说:“好温暖的拖鞋。”

玛丽脸红了,不好意思地说:“对不起,我一直穿着,所以……”

卡尔森太太连忙打断她的话:“不,不,我没有怪你的意思,我是说,你的心,令人感到温暖,也让我明白了许多!”卡尔森太太向她投以亲切的微笑,然后,朝着募捐办公室快步走去……

用心是一种生活的态度,不管是多么平凡的人,只要他能够真正用心去做一件事,就可以让人感觉到那种不易察觉的影响力在他的周围扩散,从而使别人不由自主地受到影响,如果你也想成为一个有影响力的人,那么就从用心开始吧。

让别人熟悉你才能让别人喜欢你

哈佛告诉我们:在与人交往的时候,要想得到别人的喜欢,就得让别人熟悉你。交往的次数越多,心理上的距离就越近,就越容易产生共同的经验,建立友谊,并形成良好的人际关系。

在心理学上，人们把这种现象称为"曝光效应"。为了证实"曝光效应"确实存在，有心理学家曾经做过这样一个实验：

他在一所中学选取了一个班的学生作为实验对象，每天他在黑板上不起眼的角落里写下一些奇怪的单词。这个班的学生每天到校时，都会瞥见那些写在黑板角落里的奇怪的英文单词。这些单词显然不是即将要学的课文中的一部分，但它们已作为班级背景的不显眼的一部分被接受了。

班上的很多学生都没发现这些单词在以一种特殊的方式改变着——一些单词只出现过一次，而一些却出现了25次之多。学期结束时，这个班上的学生接到了一份问卷，要求对一个单词表的满意度进行评估，列在表中的是这学期曾出现在黑板上的所有单词。

问卷回收后，心理学家经过统计发现：那些出现频率较高的单词所获得的满意度也较高，相反地，那些只出现过一次的单词仅获得了极低的满意度。

可见，在人们的心里，"曝光效应"是实实在在存在的。人们不但对于事物的喜爱程度遵循"曝光效应"，在人际交往过程中，"曝光效应"同样存在。

美国心理学家扎琼克在1968年曾经进行了交往次数与人际吸引的实验研究。他将被试者不认识的12张照片，随机地分为6组，每组2张，按照下面的方式展示给被试者：第一组2张只看1次，第二组2张看2次，第三组2张看5次，第四组2张看10次，第五组2张看25次，第六组2张被试者从未看过。看完全部照片后，实验者向被试者出示了全部12张照片，要求被试者按照自己喜欢的程度将照片排序。结果发现：照片被看的次数越多，被选择排在最前面的机会也越多。由此可见，简单的呈现确实会增加吸引力，彼此接近、常常见面的确是建立良好人际关系的必要条件。

从上面的实验我们可以看出来，随着交往次数的增加，人们之间越容易形成重要的关系。一般来说，交往的频率越高，刺激对方的机会越多，"重复呈现"的次数越多，就越容易形成密切的关系。两个人从不相识到相识再到关系密切，交往的频率往往是一个重要的条件。没有一定的交往，像俗话所说的“鸡犬之声相闻，老死不相往来”那样，则情感、友谊就无法建立。研究发现，当所有其他因素相等时，一个人在另一个人面前出现的次数越多，对那个人的吸引力就越大。

那些情商高的人往往会不自觉地遵循“曝光效应”，他们常常表现得异常活跃，不断增加自己“曝光的次数”，从而在与人的交往过程中变得更受欢迎。德拉威州唯一的女性眼科医生伊莉莎白就十分了解这个道理。

作为德拉威州唯一的女性眼科医生，伊莉莎白在该州是相当有名望的人物。这位相当吸引人的年轻女性是如何建立自己的声望的呢？一名上班族若想建立自己的声望，除了热切参与社会活动之外，别无他法。

她知道由于工作之故，无法借报纸、广播做自我推销，于是，她便选择了为公众服务的方式来提高自己的声望。果然，这种方法使她深得人心，也将她的事业推向了康庄大道。

23岁的伊莉莎白在德拉威州的乔治城开业。开业后，她的第一件工作就是整理出所有曾经交往过的朋友名单，此后就不断地与这些朋友联系，同时参加该城的妇女团体。不久，她便当上妇女会会长，并且连任两届。稍后，她又当上州职业妇女组织联合会会长。

她曾一度在主妇学校及业余剧团中十分活跃，还经常参加宗教、妇女及其他各类联欢会。

她抽空把到国外旅游时的所见所闻制作成幻灯片展示给大家看，这个举动使她与大家的心更接近。

她的社会生活多彩而忙碌，但她仍然能抽出时间扩大自己的交际范围。她曾出任视力鉴定考试委员，担任德拉威州残障协会干事，并且也是州长直属高速公路委员会中的3名女性之一。

那么，她对于频繁参与社交活动的看法又如何呢？她的说法是：“能多参与社会性工作，被人们信赖的机会就较高，随时有可能把自己推销出去。”

就是这样，伊莉莎白在极短的时间内得到了大众的尊敬与信赖，不但生活更为丰富，也使自己的工作更加顺手。说到底，她的所有声望就是不断扩大自己曝光度的结果。

可见，在人际交往中，利用“曝光效应”是多么的必要。你想让别人喜欢你吗？那就频繁地在他（她）的面前出现吧，先让他（她）熟悉你，慢慢地，你们之间心理上的距离就会越近，随着交往次数的增多，他（她）就很有可能在不知不觉中慢慢地喜欢上你。

当然，我们还必须认识到，任何事情都存在着一个度的问题，虽然越接触越有好感，但是还要把握适当的度，注意交往内容的有效和别人的接受程度。

即使是敌人，也要留有余地

哈佛告诉学生：给别人留有余地，就是给自己留后路。即使是敌人，也不要将其置于死地。

传奇性的法国飞行先锋、作家安托安娜·德·圣苏荷依写过：“我没有权利去做或说任何事以贬抑一个人的自尊。重要的并不是我觉得他怎么样，而是他觉得他自己如何，伤害他人的自尊是一种罪行。”

在与别人的交往当中，我们也必须牢记，凡事都不能把别人往死里逼，而应有一颗宽容之心，得饶人处且饶人。如果做事太过分，没有分寸，只想着把对手往悬崖下逼，那么，先掉下悬崖的往往是你自己。

有一次，在一个广阔的大森林里，狮子发现了一只小鹿，便凶狠地向它扑去。小鹿见状，撒腿就跑，不料慌忙之中，掉入了一口井里，井口离地面很高。

小鹿在井水里拼命扑腾着，想跳到地面上来。

狮子跑了过来，见状便捡起一根木棍，趴在井边，使劲地捣井中的小鹿。小鹿逃生不得，情急之中紧紧地抱住了木棍，想抓住木棍爬上来。

狮子大为恼火，它拼命往回抽木棍。想摆脱小鹿，哪知小鹿却死死抓住木棍不放。狮子急了，为了抽回木棍，它便把身子往前倾了倾，却没想到身体失重，自己也一下子掉进了水井里。

在这个例子中，那个狮子不知道给小鹿留一点余地，导致自己也因此跌进井里。这里面确实涉及到一个情商的问题，也许它在盛怒之下，顾不上思考别的，只是一心想置小鹿于死地。我们在读这个寓言的时候，可能会嘲笑狮子太傻、太愚蠢了，却从没想过其实人类也常犯这样愚蠢的错误。宾州哈里斯堡的佛瑞·克拉克讲述了一件发生在他公司里的事：

“在我们的一次生产会议中，一位副董事长以一个非常尖锐的问题，质问一位生产监督，这位监督是管理生产过程的。他的语调充满攻击的味道，而且明显地就是要指责那位监督的处置不当。为了不愿在他攻击的事上被羞辱，这位监督的回答含混不清。这一来使得副董事长发起火来，严斥这位监督，并说他说谎。

“这次遭遇之前所有的工作成绩，都毁于这一刻。这位监督本来是位很好的雇员，从那一刻起，对我们的公司来说已经没有用了。几个月后，他离开了我们公司，为另一家竞争的公司工作。据我所知，他在那儿还非常的称职。”

这个例子里的副董事长犯了和狮子一样的错误，他因为没有给自己的雇员留有余地，导致自己多了一个强硬的对手。而真正的聪明人明白，凡事给别人留有余地，其实就相当于给自己留有余地。

会计师马歇尔·格兰格曾经给朋友写信诉说了给别人留有余地的重要性。

“开除员工并不是很有趣，被开除更是没趣。我们的工作是有季节性的，因此，在三月份，我们必须让许多人走。

“没有人乐于动斧头，这已成了我们这一行业的格言。因此，我们演变成一种习俗，尽可能快地把这件事处理掉，通常是这样说的：‘请坐，史密斯先生，这一季已经过去了，我们似乎再也没有更多的工作交给你处理。

当然，毕竟你也明白，你只是受雇在最忙的季节里帮忙而已。’等等。

“这些话给他们带来失望以及‘被遗弃’的感觉。他们之中大多数一生都从事会计工作，对于这么快就抛弃他们的公司，当然不会怀有特别的爱心。

“我最近决定以稍微圆滑和体谅的方式，来遣散我们公司的多余人员。因此，我在仔细考虑他们每人在冬天里的工作表现之后，一一把他们叫进来，而我就说出下列的话：‘史密斯先生，你的工作表现很好（如果他真是如此）。那次我们派你到纽华克去，真是一项很艰苦的任务。你遭遇了一些困难，但处理得很妥当，我们希望你知道，公司很以你为荣。你对这一行业懂得很多，不管你到哪里工作，都会有很光明远大的前途。公司对你有信心，支持你，我们希望你不要忘记！’

“结果呢？他们走后，对于自己的被解雇感觉好多了。他们不会觉得‘被遗弃’。他们知道，如果我们有工作给他们的话，我们会把他们留下来。而当我们再度需要他们时，他们将带着深厚的私人感情，再来报效我们。”

可见，几句包容体谅的话，既可以保住他人的面子，减少对别人的伤害。还可以为自己带来更多的人脉资源，何乐而不为呢？在社会生活当中，我们每个人可能都会遇到或多或少的尴尬，对于那样的时刻，我们需要的往往不会是嘲笑、讥讽，而是包容和善意的安慰，如果对方给了我们包容，给我们留足了面子，我们常常会十分感激，并因此拉近与对方的距离。可见，给别人留点余地是多么重要。而一些情商高的人往往还具有更神奇的能力，他们不但知道适时地给别人留有余地，甚至还可以达到化敌为友。

1922年，土耳其在经过几世纪的敌对之后，终于决定把希腊人逐出土耳其领土。穆斯塔法·凯墨尔对他的士兵发表了一篇拿破仑式的演说，他说：“你们的目的地是地中海。”

于是近代史上最惨烈的一场战争拉开序幕。最后土耳其获胜，而当希腊两位将领——的黎科皮斯和迪欧尼斯前往凯墨尔总部投降时，土耳其人对他们击败的敌人加以辱骂。

但凯墨尔丝毫没有显出胜利者的骄气。

“请坐,两位先生,”他说,并握住他们的手,“你们一定走累了。”然后,讨论了投降的细节之后,他安慰他们失败的痛苦。他以军人对军人的口气说:“战争这种东西,最佳的人有时也会打败仗。”

凯墨尔即使是在胜利的全面兴奋情绪中,也还记着这条重要的规则:让他人保住面子。这一点值得我们每个人学习,这不仅是一种生存的智慧,还是一种高智商的象征。

爱自己,先要爱别人

哈佛告诉学生,要想获得别人的爱,必须先对别人付出爱。特赖因曾经说过:“告诉我在你心中有多少人值得你去爱,我便能猜测出你的生命中有多少贵人;告诉我你对他人的爱有多么强烈,我便能知道你距离成功还有多远。”

印度谚语说:“帮助你的兄弟划船过河吧!瞧!你自己不也过河了?”一个人的成功总是与他对世人的爱相关联的,因为爱别人也能够给自己带来好运。

爱自己,先要爱别人,唯有如此才能发挥出生命的最大价值。无论世界上发生了什么,都要学会敞开心扉,真诚地去爱他人,安抚受伤的人,鼓励沮丧的人。出身于名门望族的南丁格尔曾经用自己无私的爱奏响了生命的动听旋律。

1854年,英、俄在克里米亚开战,25岁的南丁格尔主动申请担任战地护士,冒着枪林弹雨奔赴前线。她每天替伤员清洗、消毒、包扎、按时换药、改善伙食,还经常跪在地上擦洗地板,洗涤战士们换下的带血的衣裤。晚上,她常常提着一盏灯,在巡诊线上挨个查看病情,给伤员唱歌,送去安抚和爱心，从无间断。

她常常连续工作20小时以上，并且像家人一样细致地照顾伤员，她安慰重病者，并督促士兵往家里写信并把剩余的钱给家里寄去，以补助家庭生活。她甚至还亲自寄了几百封信给死亡士兵的家属。

士兵为了表示对她的感谢，不再骂人，对自己粗鲁的行为加以约束。夜静时，南丁格尔手持油灯巡视病房时，会有士兵躺在床上亲吻她映在墙壁上的身影，以表示感激和尊敬。

由于她的努力，该战区伤员的死亡率从60%降为0.3%。直到英、俄停战，最后一名士兵离开战场，她才回到家园。

在她逝世后，国际红十字会将她的生日，即5月12日定为“国际护士节”。“提灯女郎”南丁格尔也被称为“英国历史上最伟大的女人”。

莎士比亚曾经说过：“上天生下我们，是要把我们当成火炬，不是照亮自己，而是照亮别人。”而南丁格尔就像是一支火炬，施予他人的不仅有光，还有热。当一个人将爱的意识贯注自身并向周围洋溢时，身边的人就能够感受到你带来的浓浓的暖意和旺盛的生命活力，人的天性是感恩的，他们会有所回馈，这样，我们在付出爱的同时，也会接收到别人传递的爱的信号。这就如那个巧妙的比喻所说：爱是世界的回音壁。你付出多少爱，世界就会回馈给你多少。

在纽约，有一对夫妇开了一家小饭店。

刚开张时，生意冷清，全靠朋友和街坊照顾，但两个月后，夫妇俩便以待人热忱、收费公道而赢得了大批的“回头客”。小饭店的生意，也一天一天地见好起来。

几乎每到吃饭的时间，城里的一个流浪汉就到此处行乞。

人们从未见过其他店主能够像这对夫妇一样，宽容平和地对待这个流浪汉。其他店主，一见到流浪汉上门，就会拉下脸来严厉地呵斥辱骂，而这对夫妇则每次都会笑呵呵地给这个流浪汉的碗里盛满热饭热菜。而且这些饭菜，都是从厨房里盛来的新鲜饭菜，并不是那些顾客用过的残羹冷炙。

在施舍流浪汉的时候,他们没有丝毫的做作之态,表情和神态十分自然,就像他们所做的这一切原本就是分内的事情。

一天深夜,街上一家从事五金生意的店铺,由于老板过分劳累睡着忘了将烧水的煤炉熄灭,引发了一场大火,殃及了饭店。

这一天,恰巧丈夫去外地进货,一无力气二无帮手的女店主,眼看辛苦张罗起来的饭店就要被熊熊大火所吞没。焦急万分之时,只见那个平常天天上门乞讨的流浪汉,不知从哪里钻了出来,还带着另外三四个流浪汉,冒着生命危险将一个个笨重的液化气罐马不停蹄地搬运到了安全地段。紧接着,他们又冲进店内,将那些易燃物品也全都搬了出来。消防车很快开来了,饭店由于抢救及时,虽然也遭受了一点小小的损失,但最终给保住了。

火灾过后,夫妻俩感谢流浪汉,流浪汉却动情地说:“是你们对我的爱心让我这样做的,不用感谢我。”

正所谓,爱人者人恒爱之。

在我们的生活中,有很多人热衷于财富的追求,也有很多人迷恋于功名的获取,似乎生命注定就是名与利的纠缠。其实,名与利并不是一切,有时候,爱却意味着全部。所以世界上那些最伟大的人,从不吝于将自己的赞美加诸于爱之上。英国的勃朗宁曾将无爱的地球形容为可怕的坟墓。法国的拿破仑启发我们进行思考:“你可曾想到,失去了爱,你的生活就离开了轨道。”德国的席勒也告诉我们:“爱使伟大的灵魂更加伟大。”

假设我们拥有了一切,但是唯独缺少爱,那这一切就等于零,会变得毫无意义。一个没有爱的躯体便如同丧失了灵魂一般,而没有灵魂的人自然无法主宰自己的生命。所以,一个人想要真正地掌控自己生命的能量,就要学会如何去爱,如何付出爱。因为即使我们失去了一切,只要拥有爱,拥有一颗爱世人的心,那么一切便都有重新得到的希望。所以,主动去爱世人吧,你所得到的将会远远超过你的付出。

图书在版编目（CIP）数据

哈佛情商课 / 星野编著. —杭州 ：浙江人民出版社，2018.4

ISBN 978-7-213-08461-4

Ⅰ. ①哈… Ⅱ. ①星… Ⅲ. ①情商-通俗读物 Ⅳ. ①B842.6-49

中国版本图书馆CIP数据核字(2017)第290895号

哈佛情商课

星 野 编著

出版发行 浙江人民出版社(杭州市体育场路347号 邮编 310006)

市场部电话:(0571)85061682 85176516

责任编辑 郦鸣枫

责任校对 朱 妍 张志疆

电脑制版 武汉鑫美图文设计有限公司

印 刷 浙江新华印刷技术有限公司

开 本 710毫米×1000毫米 1/16

印 张 15.75

字 数 203千字

版 次 2018年4月第1版

印 次 2018年4月第1次印刷

书 号 ISBN 978-7-213-08461-4

定 价 36.00元